DIE DINO-DIÄT

Nikolaus Nagl:
Die Dino-Diät

Alle Rechte vorbehalten

© 2021 edition a, Wien
www.edition-a.at

Cover: Bastian Welzer
Satz: Sophia Stemshorn

Gesetzt in der Premiera
Gedruckt in Deutschland

1 2 3 4 5 — 24 23 22 21

ISBN 978-3-99001-563-6

Die faktischen Hintergründe zu diesem Buch wurden nach bestem Wissen und Gewissen recherchiert. Sämtliche Inhalte spiegeln jedoch lediglich die persönliche Meinung des Autors zum Zeitpunkt des Verfassens wider.

NIKOLAUS NAGL

DIE DINO DIÄT

edition a

INHALT

KOSTPROBE

Rundum verpackt oder unverhüllt? Manchmal ist das eine angebracht, manchmal das andere. Doch auch wenn ersteres mehr Schutz bietet, in der folgenden Geschichte ist maximale Blöße wünschenswert.

Unschuldig lag sie vor mir und ich konnte meinen Blick nicht abwenden. Durch die hauchdünne Schicht, die ihre makellose Haut bedeckte, konnte ich nahezu jedes darunterliegende Detail sehen. Sie war die letzte. Ihre Kolleginnen waren bereits mitgenommen worden, von fremden Händen entführt. Manche hatten das Glück gehabt, dass diese Hände sanft waren, im Gegensatz zu jenen, die von ungepflegten Fingern grob oder hastig gepackt wurden, ohne dass man sie eines zweiten Blickes würdigte. Weitere wiederum wurden nur begrapscht, bevor dann erst recht die Wahl auf eine andere fiel, die knackiger aussah.

Umso mehr wunderte ich mich, dass sie noch da lag. Sie war schön und obwohl es bereits spät war, strahlte sie Frische aus. Ich griff nach ihr und betrachtete sie eine Weile im Licht der Neonröhren, deren fahler Schein tagein, tagaus die Aufgabe hatte, Leuten wie mir die Wahl zu erleichtern.

Keine zwei Sekunden vergingen, ehe ich mich entschloss, sie mitzunehmen. Mir war klar, dass sie jeden Cent wert sein würde. Ich bezahlte und wir verließen das

Gebäude durch eine automatische Schiebetür, die beim Schließen leise quietschte.

Wohin wir gingen, sagte ich ihr nicht. Überhaupt sprach ich am Heimweg kein einziges Wort mit ihr, schließlich wusste ich nicht, ob sie den nächsten Tag überleben würde. Zuhause angekommen, legte ich sie gleich auf den Küchentisch und musste mich noch einmal wundern: Warum das ganze Plastik? Eine Bio-Gurke in Plastikfolie ist doch schlichtweg paradox. Noch dazu, während ihr Nicht-Bio-Pendant zwei Kisten weiter in der Gemüseabteilung desselben Geschäftes ganz unfoliert und nackt unter Artgenossinnen chillt. Liegt vermutlich nicht daran, dass Biobauern eine überdurchschnittlich hohe Zuneigung zu Laminiergeräten haben.

Plastikfolie schmeckt schlecht. Genau genommen schmeckt sie nach gar nichts. Wer schon einmal versehentlich an einem Stückchen dieser synthetischen Membran gekaut hat, wird rasch gemerkt haben, wie fremd es sich im Mund anfühlt.

Wie bei einem Post-It mit der Aufschrift »Tritt mich!«, das einem jemand zwischen die Schultern geklebt hat, bedarf es des gelenkigen Einsatzes lokal verfügbarer Körperteile, um es wieder zu entfernen.

Aus diesem Grund packe ich heute kurzerhand ein paar leere Einmachgläser und ein Gemüsenetz in meinen Rucksack und mache mich auf den Weg. Nach einer Kältewelle, die bis in den späten März angehalten hat, zeigt sich der Frühling derzeit von seiner sonnigsten Seite und lässt die

Vegetation sprießen. Welch ein Paradies für Pollenallergiker. Obwohl ich aufgrund dessen nicht besonders gut geschlafen habe, mache ich mich auf den Weg. Nach einer viertelstündigen Fahrt mit der Straßenbahn habe ich mein Ziel erreicht. Eine unscheinbare weiße Türe mit einem handschriftlichen»Geöffnet«-Schild dahinter.

Ich betrete den kleinen Lebensmittelladen im Stil einer Greißlerei. Langsam kommen sie zurück, jene kleinen Allzweck-Geschäfte, welche vor dem Siegeszug der Supermärkte die wichtigsten Nahversorger gestellt hatten. Bei den Räumlichkeiten, die ich betrete, handelt es sich jedoch um einen Bioladen, dessen Betreiber es sich zum Ziel gemacht hatten, ihre Artikel ohne Verpackungsmaterial aus Plastik anzubieten. Ein sogenannter»verpackungsfreier Supermarkt« (was jetzt auch nicht ganz stimmt, weil es ja vereinzelt Flaschen, Gläser und Papierverpackungen gibt). Stattdessen können die Kunden einen Großteil des Sortiments in selbst mitgebrachte Gefäße abfüllen.

Anfangs bin ich etwas verdutzt, weil mir das Geschäft absurd klein vorkommt. Aber nachdem ich binnen einiger Sekunden den Hinterraum entdeckt habe, verflüchtigen sich meine Bedenken und ich bin sogar fast überwältigt. Einer der Vorteile, wenn man als notorischer Realist seine Erwartungen immer möglichst niedrig hält. Doch das Sortiment hat auf den ersten Blick einfach ein komplett anderes Erscheinungsbild als eine Palette bunter Kunststoffverpackungen, wie ich sie aus anderen Supermärkten gewohnt bin. Stattdessen sind die Regale voll mit Glasbehältern,

Dosen und Kanistern, in denen sich die Waren befinden. Verschiedenste Tee- und Reissorten, Nudeln, Backzubehör, Müsli, Haferflocken, Trockenfrüchte, Nüsse oder Bio-Gummibärli warten nur darauf, mit den bereitliegenden kleinen, blechernen Schaufeln abgefüllt zu werden. Aber auch Flüssigkeiten wie Speiseöl oder Waschmittel harren in ihren Kanistern geduldig dem Moment entgegen, in dem sie jemand abzapft. Hinzu kommen noch diverse vorverpackte Milch- oder eingemachte Produkte sowie ein paar Hygieneartikel. Selbst einen Rasierhobel und Kondome aus Naturmaterialien gibt es im Sortiment.

Wie Sie vielleicht schon vermutet haben, bin ich ungefähr eine halbe Stunde lang Regal für Regal abgewandert. Nur um zu schauen, was es denn alles gibt. Glücklicherweise war ich der einzige Kunde, was, nebenbei bemerkt, zugleich auch ein wenig traurig ist.

Nachdem ich mich entschieden habe, welche Artikel ich ausprobieren möchte, packe ich meine mitgebrachten Einmachgläser aus und wiege sie bei der hauseigenen Waage ab. Vorerst einmal befülle ich sie nur mit schwarzem Reis und einer Müslimischung. Der restliche Einkauf besteht aus etwas Gemüse, Gebäck, Zahnputztabletten sowie einer Flasche Karottensaft. Pfandflasche natürlich.

Der Preis dafür, später kein Plastik entsorgen zu müssen, ist in dem Fall eine etwa fünfzig Prozent höhere Rechnung als in einem anderen Supermarkt. Das klingt vorerst einmal ernüchternd. Die Tatsache, dass das Müsli bereits ranzig war, trägt leider auch nicht gerade dazu bei, mich zu einem erneuten Kauf desselbigen zu bewegen. Aber gut, vielleicht sollte ich auch künftig erst einmal daran riechen, bevor ich es gleich einpacke.

Zuhause angekommen, verstaue ich den Einkauf und merke, wie mein Magen knurrt. Nachdem er den halben Tag als passiver Beobachter bei der Vorratsbeschaffung verbracht hatte, kein Wunder. In so einer Situation will ich meist etwas kochen, das einfach nur schnell geht, aber keine Fertigmahlzeit ist. Heute ist auch so ein Tag. Glücklicherweise kommt es mir gelegen, dass noch ein paar angefangene Zutaten vorhanden sind, die aufgebraucht gehören. Eine klassische »Restlküche« heißt so etwas im Wiener Fachjargon. Grüner Salat von Salatherzen mit Schwammerl-Zwiebel-Omelett sowie Karottenbrot mit ein paar Scheiben abgelaufener, aber noch genießbarer Pikantwurst, deren vertrockneten Rand ich abschneiden musste. Dazu etwas scharfer Senf. Einfach, weil er da ist. Auch meine Freundin hat glücklicherweise an dieser Art provisorischer Mahlzeit nichts auszusetzen. Eine Gesamtzeit von einer knappen halben Stunde für Zubereitung, Verzehr und Wieder-Sauber-Machen spricht an einem dicht geplanten Tag für sich. Der Müll eher weniger. Aufgrund der unterschiedlichen Beschaffenheit all dieser Ingredienzen sind die verschiedensten Verpackungsarten im Einsatz. Karton für die Eier, ein Papier-Cellofanbeutel fürs Brot, Folie für Wurst und Salat sowie eine Metalltube mit Plastikverschluss für den Senf. Am schuldigsten fühlen lässt mich der Impulskauf der Wurst, obwohl oder vielleicht gerade weil ich so etwas höchstens einmal im Monat kaufe. Sie ist Bio und vermutlich handelt es sich bei dem Fleisch, das dafür verwendet wurde, ohnehin eher um Nebenprodukte, die sich nicht so gut verkaufen lassen wie Steak oder Schnitzel. Dennoch, die mit Folie verschweißte Verpackung mag zwar aus recyceltem Plastik bestehen, aber ein wesentlicher Bestandteil solcher elastischer Plastikhüllen sind Weichmacher und andere Zusatzstoffe.

Dabei handelt es sich um Beimischungen, die beispielsweise PET-Flaschen oder der Innenauskleidung von Konservendosen zugesetzt werden, damit diese weniger spröde sind. Problematisch wird es, wenn sich diese Weichmacher auflösen und beispielsweise in Speisen oder Getränke übergehen. Denn ein Großteil eben dieser Stoffe wird als besorgniserregende Substanzen geführt und wurde in manchen Einsatzbereichen bereits verboten. Besonders die sogenannten Phthalate, welche etwa siebzig Prozent aller Weichmacher ausmachen, stehen im Verdacht, gesundheitliche Probleme zu verursachen. Mehrerer Studien zufolge ist nicht auszuschließen, dass sie Unfruchtbarkeit bei Männern sowie Diabetes hervorrufen können.

Als besonders besorgniserregend wird von der European Chemicals Agency der Stoff Bisphenol-A (BPA) eingestuft, über den wir neben den oben erwähnten Verpackungen besonders oft bei Rechnungsbons auf Thermalpapier stoßen. Erst wenige Händler haben dahingehend auf BPA-freie Alternativen umgestellt. Es empfiehlt sich daher, besagte Bons möglichst wenig anzugreifen und im Restmüll zu entsorgen. Denn als Papier können sie nicht recycelt werden. Wenn es nicht unbedingt notwendig ist, verzichte ich deshalb auch gleich auf die Rechnung.

Während ich die Verpackungsreste versorge, spüre ich das mittlerweile stärker gewordene Pochen in meinem Schädel.

»Verdammtes Schädelweh«, fluche ich vor mich hin.

»Willst du ein Aspirin?«, ruft meine Freundin vom Esstisch.

»Das wird schon wieder vergehen.«

Ich überlege kurz.

»Außerdem ist da ja auch Erdöl drin.«

Tatsächlich habe ich im Zuge meiner Recherchen im Vorfeld gelesen, dass Aspirin beziehungsweise dessen Wirkstoff Acetylsalicylsäure das petrochemische Nebenprodukt Benzol enthält. Da ich auch sonst nicht allzu leichtfertig zu Medikamenten greife, habe ich also doppelt Grund, vorerst darauf zu verzichten. Stattdessen ziehe ich mir die Socken aus und beginne mit Fußakupressur.

»Was machst du?«

»Akupressur. Wenn man zwischen dem zweiten und dritten Zeh auf die Fußsohle drückt, soll das angeblich gegen Kopfschmerzen helfen.«

Inwiefern dabei durch einen neuen Schmerzreiz einfach nur vom ursprünglichen abgelenkt wird, kann ich nicht beurteilen, aber es scheint ein wenig zu helfen.

»Gehen wir kurz spazieren?«, fragt meine Freundin.

Ich nicke. Ist vielleicht eine bessere Idee, als mir die Fußsohlen zu malträtieren.

Fazit. *Als Privatpersonen bleibt es uns überlassen, Druck auf Konzerne auszuüben, von Plastikverpackungen abzusehen. Das können wir entweder durch unsere Kaufentscheidungen oder aktiv durch Kundenbriefe, Veröffentlichungen und Studien.Was wir allerdings am Weg zum Erfolg für einige Zeit in Kauf nehmen müssen, sind höhere Kosten. Nebenprodukte der Erdölindustrie sind nicht nur spottbillig, sondern weisen auch Unmenge an hervorragenden Eigenschaften wie Robustheit, Leichtigkeit oder medizinische Einsatzmöglichkeit auf. Für all diese Verwendungen Produkte zu finden, die weniger bedenklich sind, geht nicht von heute auf morgen und benötigt entsprechende Investitionen.*

PHASE 1
DEN APPETIT ANREGEN

EIN ÜBERRASCHENDER VORSCHLAG

Es ist Winter. Für einen Kabarettisten normalerweise keine schlechte Zeit, da Finsternis und Kälte das Publikum besser in ein gemütliches Theater treiben als Hitze und eine spät untergehende Sonne. Diesmal ist alles anders. Pandemie. Letztes Jahr zu Weihnachten war der Stand der Dinge, dass ab heute, dem vermeintlich ersten Tag nach Ende des Lockdowns, wieder der Alltag hochgefahren werden könne. Weit gefehlt.

Ich sitze vorm Schreibtisch, über dessen linker Hälfte sich sanft der Dampf meines Ingwer-Kräutertees kräuselt, und checke E-Mails. Nichts. Auch die Kleinkunstbühnen tappen im Dunkeln bei der Frage, ob bereits verschobene Termine nun überhaupt stattfinden dürfen.

Um mich produktiv abzulenken, beschließe ich, mir eine Audio-Aufnahme von einem vergangenen Auftritt anzuhören, und setze mir meine Kopfhörer auf. Das mache ich ohnehin viel zu selten. Dabei ist es durchaus hilfreich, wie beim Sport die eigene Performance auf diese Art zu analysieren und gegebenenfalls zu verbessern.

Herbert Prohaska* und seine technisch versierten Lakaien lassen grüßen.

Fünfzig Minuten später. Der Tee ist bestenfalls noch lauwarm. Was ursprünglich als Auftrittsanalyse begann, ist längst in beiläufigen Kritzeleien mit meinem Pilot-Kugelschreiber ausgeartet. Während ich halbherzig eine Zeile des karierten Papiers schraffiere, komme ich versehentlich an der Maus an und beende den Bildschirmschoner. Die plötzliche Änderung an Helligkeit lässt mich aufschauen. Gelächter im Kopfhörer. Eine Person im Publikum beginnt sogar kurz zu klatschen, bleibt damit aber alleingelassen. »Sie haben eine neue E-Mail.«

Falls Sie sich erhofft haben, in diesem Buch einen Ernährungsplan vorzufinden, der den Verzehr von Krokodilen oder im Labor geklonten Riesenechsen aus der Kreidezeit propagiert, dann muss ich sie leider enttäuschen. Zumal Krokodile und Dinosaurier als unterschiedliche Subkategorien der sogenannten »Archosaurier« geführt werden.

Die letzte noch lebende Gattung der Dinosaurier kennt man heute übrigens unter der Bezeichnung »Vögel«. Die Krähen, die Ihnen das unter einem Ahornbaum geparkte Auto ungeniert mit ihren Exkrementen neu lackieren, sind näher mit dem T-Rex verwandt als der Komodowaran.

---

* Österreichischer Fußballer des vergangenen Jahrhunderts und als Fernseh-Analyst unersetzlich

*»Ich bin Herausgeber [...] und habe eine Idee für ein ungewöhn-
liches Buch, das wir vielleicht gemeinsam verwirklichen können.
Wollen Sie sich Zeit für ein Telefonat dazu nehmen?«* lautet die
Kernaussage der E-Mail. Nicht viel später verlasse ich das
Haus für einen Spaziergang bei einem Gespräch, dessen
Folgen mein Leben in den kommenden Monaten auf den
Kopf stellen sollten. Es ist mein erstes Telefonat mit einem Verlag. Im schummrigen Licht der Straßenlaternen
schlendere ich um den Block und lausche interessiert dem
Vorschlag. Einen Selbstversuch wagen und dann darüber
ein Buch schreiben. Unter normalen Umständen hätte ich
vermutlich dankend abgelehnt und irgendjemand anderen vorgeschlagen. Da ich in den nächsten paar Monaten
aber voraussichtlich ohnehin keine Auftritte haben werde,
ist mein Forschergeist geweckt und ich erbitte eine kurze
Bedenkzeit zum Probeschreiben. Was habe ich schon zu
verlieren?

DAS GAMBIT

Ein paar Tage später. Meine Gedanken überschlagen sich.
»Macht es überhaupt einen Sinn, über die Vermeidung von
Erdölprodukten zu schreiben, wenn die Produktion des
Buches, angefangen bei Druck, Cover und Transport, erst
recht wieder mit dieser fossilen Ressource verbunden ist?
Werde ich nicht sowohl beim Schreiben als auch bei der
Recherche unzählige Fehler machen und mich blamieren?

Womöglich landet dann auch noch jedes Exemplar wie eine Bio-Gurke in Folie verschweißt im Regal der Buchhandlung und wartet auf seine Abholung.« Selbst eine Print-Version des Autorenvertrags wäre mit Erdöl belastet. Darum drucke ich ihn bei niedriger Qualität sowie mit der Funktion »Zwei Seiten pro Blatt« aus. Schließlich gilt es, Tinte und deren Patronen zu sparen.

Ich komme zu dem Schluss, dass es nur dann Sinn macht, weiterzuschreiben, wenn infolgedessen möglichst viele Menschen ihren Verbrauch von petrochemischen Erzeugnissen massiv reduzieren. Nämlich so sehr, dass der dadurch erzielte Effekt dem Planeten eine signifikante Entlastung bringt. Genau genommen muss ich sogar mehr Wirkung erzeugen, als wenn ich die investierte Arbeitszeit stattdessen mit Müll-Einsammeln verbracht hätte. Mit einer Greifhilfe in der Hand und einem Mistsack am Rücken. In der Wirtschaft nennen sie diesen Abgleich mit Alternativen »Opportunitätskosten«.

Das letzte Mal, als ich öffentlich Müll einsammelte, klaubte ich fast ausschließlich Red-Bull-Dosen und leere Zigarettenschachteln auf. Über das Konsumverhalten der rücksichtslosesten Menschengruppe in Sachen Respekt für die Umwelt durchaus aufschlussreich. Wenn auch nicht sonderlich überraschend. Wiederholt klackert mein zwanzigseitiger Würfel über den Schreibtisch, um mir die Entscheidung zu erleichtern. Gerade heißt weiterschreiben. Ungerade aufhören.

»Nein! Jetzt ist es ohnehin schon zu spät!«, beginnt mein Hirn ein stummes Selbstgespräch.

»Du hast schon so viel Zeit investiert.«

»Sunken Cost Fallacy«, sagt mein Mund.

Aus den Lautsprechern meines Computers tönt Violoncello-Musik irgendeines mehrstündigen Klassik-Mixes auf Youtube. Für die Konzentration.

»Auch dafür wird Erdöl verbraucht«, meldet sich das Hirn wieder.

Fünfzehn. Der lilafarbene Würfel kommt auf einem der Dreiecke, die seine Oberfläche bilden, zu liegen.

»Übrigens, der Würfel ist auch aus Kunststoff.«

»Ich hör' nicht auf!«

Der Börsenspekulant spricht von »Investment«, wenn er eine Aktie kauft. Hinter dem Risiko steht die Hoffnung, damit einen größeren Gewinn einzufahren. Als mäßiger Schachspieler gefällt mir der Begriff »Gambit«[*]. Das Opfern einer Figur, um daraus einen spielentscheidenden Vorteil zu gewinnen. Vielleicht haben Sie die Serie »Das Damengambit« gesehen. Darin opfert die Protagonistin in einer entscheidenden Partie ihre Dame, um anschließend ein Schachmatt zu erzielen. Ähnlich will ich hier verfahren.

Egal ob in einer Beziehung, im Krieg oder im Berufsleben, wir treffen laufend Entscheidungen und bringen im Zuge

---

[*] Beispiel für ein Gambit beim Schach: Schwarz opfert seinen Bauern

auf »d«, um an Tempo zu gewinnen:

1. e4 d5

2. exd5 Sf6

3. d4 Lg4

dessen Opfer für ein größeres Ziel. Oft handelt es sich dabei um ein Gambit in Form von Zeit oder Zugeständnissen.

Selbst wenn man sich all die »Fridays for Future«-Proteste oder Klimakonferenzen anschaut, dann werden dafür Unmengen an Ressourcen aufgebraucht. Angefangen bei Plakaten oder Kleidung mit Werbeaufschrift bis hin zu Interkontinentalflügen. Nichtsdestotrotz können die Teilnehmer von einem Erfolg sprechen, wenn die im Zuge eines solchen Events propagierten Maßnahmen längerfristig mehr zu Ersparnis beitragen können, als ihre Durchsetzung gekostet hat. In diesem Sinne bin auch ich zuversichtlich und schöpfe mein naives Selbstvertrauen aus der Annahme, dass Sie fortan auf die eine oder andere Erdölsünde heroisch verzichten. Schließlich geht der Kauf des Buches auf Ihr Konsum-Konto und zählt dementsprechend als Ihr persönliches Gambit.

DIÄTPLANUNG

Während ich so vor mich hin fantasiere, stehe ich in der Küche und wärme mir eine Schüssel Haferflocken mit Reismilch zum Frühstück. Meine Augen fallen auf das Spiegelei, das in der Pfanne brutzelt, und wandern weiter zur bereitliegenden Spatel, mit der ich es sonst immer heraushole. Auch die ist aus Kunststoff. Das weichere Material am Griff ist sogar an einer Stelle angeschmolzen. Chemisch modifizierter Urzeitschlamm. Mit einer verzogenen

Gesichtshälfte räume ich sie beiseite und lege ihre entfernte Cousine aus Olivenholz bereit. Fühlt sich irgendwie besser an.

Weil der Mensch ein Gewohnheitstier ist und wir viel gewillter sind, unser Verhalten zu ändern, wenn wir uns etwas bildlich vorstellen können, möchte ich noch einmal zu den Ursprüngen von Erdöl gehen. Ich denke, ich liege nicht ganz falsch mit der Annahme, dass die meisten Leute bei Erdöl an eine dunkelbraune, fast schwarze schmierige Flüssigkeit denken. Zu meinen ersten Assoziationen gehört neben der ein oder anderen Umweltkatastrophe, dass es irgendwo in der Wüste, vor einer Küste oder in den subpolaren Gegenden Nordamerikas und Eurasiens aus der Erde gepumpt wird.

Aber was ist Erdöl wirklich? Woraus besteht es? Wie ist es entstanden?

Um die Antworten auf diese Fragen zu finden, muss man in der Erdgeschichte viele Millionen Jahre zurückgehen. Der Großteil des heutzutage geförderten Rohöls stammt von Lebewesen, die in der Kreidezeit oder noch früher gestorben sind. Ihre Biomasse wurde im Laufe der Zeit von Sedimentschichten bedeckt und ist dadurch immer tiefer nach unten gewandert. So weit, bis die vorherrschende Kombination aus Druck und hohen Temperaturen zur Bildung von Öl geführt hat.

Kreidezeit? Haben damals nicht die Dinosaurier gelebt? Besteht unser Erdöl aus Dinosauriern? Bei diesem Gedankengang kann ich nicht anders, als in einer Mischung aus

Skepsis und Faszination innezuhalten und etwas genauer nachzuforschen. Zu viele Kindheitsfantasien haben sich in meinem Erinnerungsvermögen abgelagert. Ganz wie die Biomasse verstorbener Lebewesen unter dem Gesteinsmantel unseres Planeten. Demzufolge müsste es ja heißen, dass Erdöl ein über Jahrmillionen verwester Gatsch aus Dinosaurier-Leichen ist, oder?

Bevor wir uns jetzt der verlockenden Vorstellung hingeben, dass wir bei der Tankstelle verflüssigten T-Rex per Schlauch ins Auto pumpen oder dass in jeder Packung Lego ein synthetisch verarbeiteter Stegosaurus steckt, ist vielleicht doch ein wenig Realismus angesagt.

Dieser bringt, wie nicht anders zu erwarten, Ernüchterung für derart naive Dino-Romantik. Die Biomasse, aus der im Laufe der letzten Epochen der Erdgeschichte Rohöl entstanden ist, lässt sich fast ausschließlich auf Algen und maritime Kleinstlebewesen wie Plankton zurückführen. Von einem Archaeopterix, der im Laufe der Epochen unterirdisch zu Öl zerquetscht wurde, kann also nicht die Rede sein.

Doch sind wir uns ehrlich: Wenn auch wissenschaftlich akkurat, ist aber das Bild vom Bioschlamm aus Algen und Mikroorganismen von seiner Symbolik doch recht langweilig. Bedenkt man allerdings, dass die Kadaver von Dinosauriern auch schon damals der Verwesung ausgesetzt waren und von Kleinstlebewesen zersetzt wurden, dann ist mit etwas Fantasie sogar der Realitätsbezug wieder zum Greifen nahe. Die Überreste davon können ja wiederum über das lokale Flusssystem in den Ozean geschwemmt worden sein und dort zur Algenbildung beigetragen haben. Denn die Vorstellung, es bei Rohöl anstelle von Algenresten mit den zerfallenen Überresten ausgestorbener Riesenechsen zu tun zu haben, ist schließlich um einiges cooler.

Wenn wir also heute von Erdölprodukten Gebrauch machen, hieße das dementsprechend, dass wir die letzten Reste der verwesten Dinosaurier synthetisch verarbeiten und verheizen. Im übertragenen Sinne vielleicht sogar, bis nichts mehr davon übrig bleibt und uns infolgedessen ein ähnliches Schicksal ereilt wie sie.

In Hommage an diesen von kindlicher Romantik geprägten Gedankengang lautet der Titel dieses Buches *Die Dino-Diät*.

Ich treffe mich mit dem Verleger und schildere meine Überlegungen. Der Vollständigkeit halber sei zu erwähnen, dass die ursprüngliche Idee war, ein halbes Jahr lang komplett ohne Erdölprodukte zu leben. Ein enthusiastischer Gedanke, der sich für mich jedoch recht bald als undurchführbar erwies. Aber wir finden einen Kompromiss und ich sage dem Projekt zu. Unwissend, was mich dabei alles erwartet.

Während fossile Brennstoffe wie Erdgas, Braunkohle, Torf und Steinkohle sowie Erdöl als reine Energielieferanten von diversen klimafreundlicheren Alternativen ersetzt werden können, ist besonders letzteres auch abseits des Treibstoffmarktes unabdinglich. In Form von Chemikalien, Plastik und anderen Kunststoffen ist Erdöl integraler Bestandteil einer Unmenge an Konsumgütern, ohne die wir als moderne Gesellschaft nicht auskommen könnten. Billig, langlebig, wasserabweisend, leicht formbar und sogar durchsichtig sind nur ein paar Eigenschaften, dank derer petrochemische Kunststoffe so allgegenwärtig sind. Während sich Erdöl über Jahrmillionen in riesigen konzentrierten Ansammlungen tief unter der Erde bildete, finden sich seine Produkte mittlerweile überall auf der Oberfläche unseres Planeten, und das erst seit ein paar Jahrzehnten. Hierbei wird uns besagte Robustheit allerdings zum Verhängnis, weil die Natur nicht annähernd mitkommt, diese Unmengen im gleichen Ausmaß wieder abzubauen, wie sie ihr zugeführt werden.

Spekulationen darüber, wie weitreichend die Folgen davon sind, welche die Menschheit auf diesem Planeten hinterlässt, gehen von »mit vereinten Kräften irgendwie noch zu retten« bis »Ende der Welt«. Spätestens seit »Fridays for Future« sollte das all jenen, die sich selbst als homo sapiens sehen und Zugang zu internationaler Medienberichterstattung haben, zu denken geben: Derartige Perspektiven haben gravierende Auswirkungen auf die Psyche und Motivation der jüngeren Generationen. Sie sehen sich damit konfrontiert, zeitlebens für die aufwändige Reparatur eines maroden Planeten verantwortlich zu sein. Eine maßgebliche Ursache dafür sind die mitunter rücksichtslosen Ausmaße des Kapitalismus und der damit einhergehende Mangel an Bewusstsein im Konsumverhalten.

Welche Art von Konsum wie viel Schaden an der Umwelt anrichtet, lässt sich allerdings durch den ökologischen Fußabdruck beziehungsweise durch ein Berechnen des CO_2-Ausstoßes heutzutage ganz leicht feststellen. Dazu gibt es diverse Online Rechner sowie unzählige wissenschaftliche Arbeiten.

Weil Erdöl aber der am vielseitigsten eingesetzte fossile Brennstoff auch abseits der Energiegewinnung ist, will ich mich in erster Linie dem Konsum von Erdöl widmen. Es ist immer wieder überraschend, in welcher Form petrochemische Erzeugnisse unseren Alltag begleiten und was die langfristigen Folgen ihrer Verwendung sind. Im Rahmen eines Selbstversuchs werde ich über einen Zeitraum von hundert Tagen aktiv meinen auf Erdöl basierten Konsum streng unter die Lupe nehmen und, wo auch immer es mir möglich ist, minimieren. Mein Ziel ist es, durch die damit einhergehenden Gedanken und Interessenskonflikte unser Bewusstsein zu schärfen sowie nach effizienten Alternativen für den Verbraucher-Alltag zu suchen.

Bei der Wahl des Titels geht es mir in erster Linie um den symbolischen Charakter. Schließlich klingt »Plankton-Diät« nach einer meeresbiologischen Studie über den Metabolismus von Bartenwalen und »Algen-Diät« nach der neuesten Hipster-Ernährung eines veganen Foodblogger-Gurus.

PHASE 2
KALORIEN ABZÄHLEN

ETWAS ZUM VERDAUEN

Wenn wir etwas sehen, fühlen, hören oder riechen können, sind wir uns dessen Existenz bewusst und haben sofort einen Bezug dazu. Was aber tun, wenn wir die Existenz von etwas potenziell Schädlichem nicht so wirklich mitbekommen, weil es zu klein ist, um von uns wahrgenommen zu werden?

Seit über sieben Stunden sitzen wir im Auto. Es ist Mitte August anno 2019 und Mutter Erde geizt nicht mit sommerlichen Temperaturen. Fünf Erwachsene in einem kleinen VW Golf ohne funktionierende Klimaanlage. Das sind genau jene Ausgangsbedingungen, die diese Fahrt unvergesslich machen. Aber man ist ja noch jung, obwohl man sich bereits seit vielen Jahren kennt. Da sind auch Schweißgeruch oder sonstige Ausdünstungen der Mitreisenden keine Neuigkeiten mehr. Ich sitze am Beifahrersitz. Große nasse Flecken zieren das verwaschene Baumwollshirt des temporären Chauffeurs. Vier Zentimeter fehlen ihnen noch auf die blassen Ränder, welche auf die maximale Ausdehnung ihrer Vorgänger schließen lassen. So weit wird es nicht kommen.

Es dämmert bereits und wir kurven abseits der Autobahn an hüfthoch aufgeschlichteten Steinmauern entlang in Richtung Ziel. Durch die offenen Fenster tanzt der Duft von Hartlaubgewächsen auf einer Prise Abendluft zum periodischen Zirpen der Zikaden. Kroatien.

Die schwarz-blaue Badehose, die ich in der darauffolgenden Woche täglich anhatte, besteht zu einem guten Prozentsatz aus Polyester. Es ist also leicht möglich, dass einzelne Partikel aus diesem Kleidungsstück mittlerweile über die ganze Adria verteilt munter in den Wellen treiben. Schließlich ist unser Meer voll von Mikroplastik (Partikel kleiner als fünf Millimeter), dessen größten Anteil mit über fünfunddreißig Prozent Textilfasern ausmachen. Aktuell steigt der Verbrauch von Kunststoffen, trotz der Maßnahmen in einigen Ländern, auf globaler Ebene weiterhin an. Spätestens im Jahr 2050 ist damit zu rechnen, dass die Gesamtmenge an Plastik in den Meeren mehr Masse hat als sämtliche maritime Lebewesen zusammen.

Doch auch als in einem Binnenland geborener Österreicher muss ich gar nicht erst ans Meer fahren, um im Kunststoff schwimmen zu können. Auch in der »schönen blauen Donau« befinden sich laut einer Studie der BoKu abschnittsweise mehr Plastikpartikel als Fischlarven. Denn selbst moderne Kläranlagen sind nicht ausreichend gerüstet, dieser Belastung habhaft zu werden.

In den letzten Jahren habe ich zwar die meiste Zeit darauf geachtet, möglichst nur dann Kunststoffartikel zu kaufen, wenn diese auch einen hohen Recycling-Anteil aufweisen, aber Mikroplastik war zugegebenermaßen nicht wirklich auf meinem Radar. Manche Dinge gab es halt nur in Plastikfolie verpackt oder längerfristig nicht budgetierbar. Außerdem war ich der Meinung, dass eine richtige und gewissenhafte Entsorgung ohnehin das Einzige ist, was ich für die Nachhaltigkeit machen kann. Je mehr ich über Mikroplastik lese, desto mehr wird mir bewusst, wie viel ich noch tun kann, tun sollte, tun muss. Aber selbst dann, wenn ich als autarker Einsiedler auf einer Lichtung irgendwo im Wienerwald komplett erdölfrei vor mich hin vegetiere, nützt das weder mir noch dem Planeten besonders viel, sofern es die Menschheit als Kollektiv nicht schafft, vom schwarzen Gold wegzukommen.

Es sind schließlich nicht nur achtlos in die Natur geworfene Flaschen oder liegen gelassene Verpackungen, die durch Witterung in mikroskopisch kleine Teilchen zerfallen. Bei sämtlichen erdölbasierten Gegenständen entsteht laufend winziger Abrieb, der auf natürlichem Wege nicht ohne weiteres abgebaut werden kann und somit in der Umwelt zirkuliert.

Als Quelle von Mikroplastik rangiert hinter dem Waschen synthetischer Textilien auf dem zweiten Platz der Abrieb von Reifen, gefolgt von städtischem Feinstaub. Autofahren verbraucht also nicht nur Erdöl in Form von Treibstoff, sondern pulvert auch froh und munter Reifenpartikel in die Luft. Am Ende landet der abgenutzte Reifen selbst in der Müllentsorgung. So wie pro Jahr weltweit eineinhalb Milliarden seiner Kollegen. Während es die Regelungen der Europäischen Union mittlerweile untersagen, Autoreifen in Müllhalden abzulagern, ist es vielerorts Praxis geworden, diese entweder zu vergraben, abzulagern oder zu verbrennen. Aber selbst dann, wenn keine Verbrennung vorgesehen ist, kann es passieren, dass die schwarzen Berge aus Gummi Feuer fangen. So kommt es regelmäßig zu sogenannten »Tire Fires«, die oft nur schwer zu stoppen sind. Der schwarze Qualm, der dabei freigesetzt wird, ist aufgrund der in den Reifen enthaltenen synthetischen Gummiverbindungen mit toxischen Chemikalien durchsetzt. Ein Beispiel dafür, wie verheerend solch ein Brand sein kann, ist das Reifenfeuer von 1989 in Heyope, Wales. Im Zuge dessen brannten in Summe etwa zehn Millionen Reifen über fünfzehn Jahre lang, ohne jemals vollständig gelöscht zu werden. Dabei sind die britischen Inseln nicht unbedingt dafür bekannt, an Regenmangel zu leiden.

Auch wenn wir alle die Bilder von verschmutzten Küstenabschnitten kennen, ist das nur die Spitze des Müllberges. Denn im Fall von Mikroplastik entstehen achtundneunzig Prozent an Land. Durch ihr geringes Gewicht werden die Teilchen leicht vom Wind aufgewirbelt und landen so entweder im Grundwasser oder werden bis in höhere Schichten fortgetragen. Dank dieser Dynamik werden sie von Wolken, Regen und Flüssen problemlos um den ganzen Planeten verteilt. Ob im Neuschnee auf der arktischen Insel Spitzbergen, in der Luft auf den höchsten Gipfeln der Pyrenäen oder in Wasserproben aus den Tiefen des Marianengraben, überall finden Forschungsteams beträchtliche Mengen an Kunststoffpartikeln.

Dabei handelt es sich bei Plastik geschichtlich um ein junges Material, dessen Produktion im großen Stil erst ab den 50er Jahren vorangetrieben wurde. Bis dahin wurde sein berüchtigter Siegeszug lediglich durch Nischenprodukte und experimentellen Einsatz vorbereitet. Doch die Zahlen sprechen Bände: Von den zirka 8300 Millionen metrischen Tonnen (Mt) Plastik, die zwischen 1950 und 2015 hergestellt wurden, entstanden in etwa 6300 Mt Müll, die Hälfte davon nach 2002. Lediglich neun Prozent dieser Masse wurden recycelt und gerade einmal zwölf Prozent wurden verbrannt. Die restlichen 79 Prozent sind entweder noch in Verwendung oder sie landeten in Mülldeponien oder irgendwo in der Natur. Vielleicht kennen Sie ja das Bild von der Meeresschildkröte, für die unfreiwilligerweise ein Strohhalm zum »Schnorchel-Piercing« wurde.

Um derartigen Schicksalen entgegenzuwirken, gibt es mittlerweile in einigen Ländern Initiativen, erdölbasierte Alltagsgegenstände wie Plastiksackerl* zu verbieten. Alternativen aus nachhaltigen, biologisch abbaubaren Materialien sollen hierbei Abhilfe verschaffen. Interessanterweise sind einige afrikanische Staaten mit der Verbannung von Plastiksäcken deutlich schneller in der Umsetzung als jene

---

* Sackerl, das: Österreichisch für kleiner Sack/Einkaufstasche.
Als Begriff präziser als »Tüte« – schließlich bezeichnet diese hierzulande ausschließlich etwas Trichterförmiges.

europäischen Nationen, die im Index menschlicher Entwicklung viel weiter vorne liegen. Könnte es sein, dass Burundi oder Ruanda weniger im Fokus von Lobbyismus seitens globaler Chemie-Konzerne stehen?

Jedenfalls schätzen Wissenschaftler, dass bei einigermaßen anhaltendem Verbrauch bis zum Jahr 2050 mehr als 12000 Mt Plastik in Mülldeponien sowie in der Umwelt landen werden. Sprich, sofern bis dahin nicht Naturkatastrophen, Kriege, nachwuchsbegrenzende Gesetzgebung wie in China zu Maos Zeiten oder besonders ausgefuchste Virus-Mutationen das Bevölkerungswachstum stark reduziert haben, belastet im Jahr 2050 für jeden Menschen mehr als eine Tonne Plastik irgendwo den Planeten.

Einer Studie des *WWF* zufolge nehmen wir Menschen pro Woche im Durchschnitt bis zu fünf Gramm Kunststoff zu uns. Das entspricht in etwa einer Kreditkarte. Im Normalfall sollte es auch wieder auf natürlichem Weg vom Körper ausgeschieden werden. Welche Schäden es allerdings in dieser Zeit anrichtet, ist noch nicht vollends erforscht. Fest steht jedenfalls, dass sich durch den regelmäßigen Kontakt mit Plastik die darin beigesetzten Chemikalien herauslösen und sogar im Blutkreislauf landen. Werner Boote, der Macher des Films *Plastic Planet*, ließ sein Blutplasma wiederholt testen. Für den Film, der im Jahr 2009 erschien, sowie Jahre danach. Weil er in der Zwischenzeit Plastik so gut wie möglich vermieden hat, sind dementsprechend die Schadstoffwerte im Blut gesunken. Das macht natürlich Mut. Dennoch können wir unseren Kontakt mit synthetischen Inhaltsstoffen nur bedingt kontrollieren. Denn die Anreicherung von Mikroplastik in der Luft, die wir atmen, und im Wasser, das wir trinken und mit dem wir uns waschen, wird uns immer beeinträchtigen. Daher ist es umso wichtiger zu schauen, dass wir sämtliche Möglichkeiten, die weiteren mikroskopischen Kunststoffabrieb verursachen, zu verhindern suchen.

Fazit. *Mikroplastik ist bereits seit einigen Jahren ein Begriff geworden, über den man immer wieder einmal stolpert. Da die Problematik jedoch kein Ende in Sicht hat, müssen wir als Verbraucher handeln. Besonders die Fast-Fashion-Industrie und ineffiziente Autofahrten sind maßgebliche Faktoren, bei denen wir als Privatpersonen den Ausschlag geben können. Ich schaue beispielsweise, dass ich Kleidung mit Kunstfaseranteil so gut wie möglich boykottiere.*

»ZUM MITNEHMEN, BITTE«

Viele Lokale funktionieren nur mehr durch Take-Out oder mittels Zulieferung. Während der Aufwand an Service und Abwaschen dadurch zwar sinkt, stellt uns der Einsatz von Einweggeschirr vor neue Herausforderungen. Wie kann ich mir da noch reinen Gewissens etwas zu essen bestellen?

Die grobkörnigen kleinen Steinchen am Straßenrand und auf den Gehsteigen lassen noch darauf schließen, dass der letzte Schneefall nicht allzu lange zurückliegt. Ich nutze meine Mittagspause aus, um ein paar Sonnenstrahlen abzukriegen, und beschließe währenddessen, auswärts etwas zu essen zu holen. Nach der kalten Jahreszeit kann ich natürliches Licht auf der Haut gut gebrauchen. Ziel meiner von Hunger getriebenen Beine ist ein Bio-Dönerlokal. Wie schön es doch ist, nicht kochen zu müssen. Mir macht es zwar immer wieder Spaß, den Löffel zu schwingen und am Herd zu stehen, aber der Zeitaufwand hat es mitunter schon in sich. Hut ab also vor jenen Leuten, die selbst an den ersten Frühlingstagen von morgens bis abends in der Küche stehen.

In der Gastronomie hat sich in den letzten Jahren servicetechnisch sehr viel getan. Besonders in Sachen Zustellung. Während hierzulande um die Jahrtausendwende in den meisten Fällen bestenfalls Pizza ausgeliefert wurde, waren das Internet und die Allgegenwärtigkeit von Smartphones auf diesem Sektor »Game Changers«. Zuvor war die Kundschaft darauf angewiesen, anzurufen, und auch die Anzahl der Lokale, die diesen Service anboten, blieb vorerst überschaubar. Durch das Aufkommen von Bestellplattformen und Apps wuchs in den letzten zwei Jahrzehnten das Angebot von Food To Go und Delivery dann ziemlich rasant an. Besonders in Ballungsräumen kommen viele Restaurantbetreiber fast nicht umhin, diese Dienste anzubieten, wenn sie konkurrenzfähig bleiben wollen. In Zeiten der Pandemie ist ihr wirtschaftliches Überleben sogar davon abhängig, sofern sie nicht vom Staat aufgefangen werden.

Selbst wenn dieser Faktor nicht berücksichtigt wird, ist Essenszustellung seit einigen Jahren konstant auf dem Vormarsch. Der Anteil jener Personen, die zumindest einmal wöchentlich Essen bestellen, war im Jahr 2016 laut einer Umfrage von Statista bereits höher als jener Personen, die solche Dienste seltener benutzten.

Einer der besten visuellen Indikatoren im Alltag dafür ist die Präsenz von knallbunt gekleideten kulinarischen Lieferanten mit Fahrrad unterm Hintern und Isolierbox am Rücken. Wer hätte vor 30 Jahren gedacht, dass sie in Städten wie Berlin, Wien oder Hamburg einst das Stadtbild prägen würden. Letztlich ein Paradebeispiel für den Siegeszug des Outsourcings. Schließlich ist die User Experience auch eine ganz andere, als ins Restaurant zu gehen, wo man eine Weile sitzt, plaudert und bedient wird. Vielmehr ist dieses System vergleichbar mit einer jederzeit abrufbaren, kulinarisch global bewanderten Hausköchin. Konnte es sich im neunzehnten Jahrhundert nur ein kleiner Teil der Bevölkerung leisten, Küchenpersonal anzustellen, hat heute jeder Mensch mit Internet- oder Telefonzugang die Möglichkeit, sich je nach Budget, so oft er will, ein Menü, egal welcher Küche, an die Haustüre liefern lassen.

Wenn also schon das Kochen von Zuhause outgesourct ist, warum nicht auch der Transport von Restaurant zu Wohnung. Eine Lücke, die Lieferdienste gegen jenes kleine Entgelt, das die Beteiligten für die gewonnene Zeit zu geben bereit sind, füllen.

Natürlich entstehen durch den Transport und die Abwicklungsschritte Kosten. Gleichzeitig werden an anderen Stellen wieder Zeit und Kosten gespart. Für ein Restaurant ist das Personal ein entscheidender Kostenpunkt. Durch die Verwendung eines Lieferdienstes reicht ein Bruchteil des Personals, in den meisten Fällen eine einzige Person, um Übergabe, Bestellungen und sonstige organisatorische Aufgaben für mehr Kunden, als in ein gefülltes Lokal passen würden, zu übernehmen. Bestellungen aufnehmen, Servieren, Tische abwischen, ja sogar das Kassieren ist nicht mehr nötig, wenn dies bereits im Vorhinein via Online-Plattform erledigt wurde. Auch all die zurückgelegten Wege und zwischenzeitlichen Wortwechsel fallen für das gleiche Bestellvolumen weg.

Aus materieller Hinsicht müssen sich die Lokalbetreiber auch nicht mit Geschirr und dessen Säuberung herumschlagen, wenn sie die Bestellung einfach in Einwegverpackungen loswerden. Anstatt der Gläser, von denen fast schon unvermeidlich immer wieder welche zu Bruch gehen, erhält die Kundschaft ihre Getränke in einer Dose oder Flasche, sofern sie überhaupt noch welche bestellt hat. Die Folge davon ist mehr Verpackungsmüll als Tradeoff für weniger Aufwand beim Waschen und Aufräumen.

Auch bei den Speisen gilt leider meist immer noch: Ob Schnitzel mit Kartoffelsalat oder Sushi – in den meisten Fällen ist es für die Restaurantbetreiber schlichtweg am einfachsten und am günstigsten, Plastikverpackungen zu verwenden. Bei manchen Gerichten ist es kaum möglich, diese in Behältnisse aus Papier oder Karton einzupacken. Einerseits soll die Verpackung dicht abschließen, andererseits sollen ihre Kosten auch nicht ins Gewicht fallen. Im Idealfall hält sie die Speise dann auch noch möglichst lange warm. Voraussetzungen, die besonders bei der Auslieferung von Suppen eine logistische Herausforderung darstellen. Vielleicht sollten wir vom Konzept der Einweg-Verpackung wieder etwas abrücken?

Zwei Wochen später. Es ist wieder Donnerstag und gemäß der von mir zugegebenermaßen nur halbherzig gepflegten Tradition des »Dönerstags« beschließe ich, wieder zum Öko-Döner meines Vertrauens zu gehen. Wie es der Zufall will, passiere ich am Weg ein unscheinbares, zur Hälfte unterirdisch liegendes Geschäft. In der Auslage liegen Stücke von Aufläufen, Hirselaibchen und Kuchenstücke, wie ich sie schon länger nicht gesehen habe. Ihre Form und Farbe sowie die Beschriftung lassen vermuten, dass sie mit viel Liebe handgemacht sind. Da sämtliche Lokale aufgrund der Pandemie mittlerweile seit Monaten geschlossen sind, ein ganz ungewöhnlicher Anblick. Zu sehr haben sich meine Augen an die makellosen, industriell hergestellten Formen in den Auslagen der meisten Geschäfte gewöhnt.

Aus Neugier betrete ich das Geschäft, in dessen hinterem Bereich ein paar Damen im Herbst ihres Lebens günstige Mittagsmenüs zubereiten. Ich tätige einen Impulskauf. Zunächst wird mir angeboten, ich könne mich mit einem Teller einfach in den nächsten Park setzen und diesen dann leer wiederbringen. Ich entschließe mich aber fürs Mitnehmen. Das Konzept des Ladens ist »Bring your own Gefäß«. Da ich unwissender Tropf spontan hereingeschneit bin, bekomme ich meine Hirselaibchen in Papier eingewickelt und Karottensauce in ein altes Einmachglas eingefüllt. »Bringen's das einfach das nächste Mal mit!«, sagt die überaus freundliche Madame, deren Haarfarbe zufälligerweise mit den dunkleren Schattierungen der Sauce harmoniert. Ich bezahle in bar und nehme meine Erstehnisse mit, ohne dass dafür irgendein Plastik vonnöten war. Am Heimweg sinniere ich darüber, wie paradox es eigentlich ist, dass diese Art von Verpackung ganz langsam und vereinzelt wieder modern wird. Aus der Not heraus. Dabei war sie Mitte des letzten Jahrhunderts noch gang und gäbe. Obwohl es sich dabei um keine große neue Erkenntnis handelt, überrascht es mich immer wieder aufs Neue, wie der Mensch in einer Zeitspanne, kürzer als ein Menschenleben, in nahezu allen Bereichen des Lebens Plastik als dominantes Material etabliert hat. Dabei fällt es mir schwer zu glauben, dass dieses so stark im Wandel begriffene Zeitalter auch nur annähernd so lange dauern könnte wie etwa die Bronzezeit. Damit das nicht der Fall ist, werde ich bei meinem nächsten Besuch in dem Geschäft mit eigenen Gefäßen antanzen.

Fazit. *Viele Geschäfte steigen langsam auf Verpackungen aus Papier um. Oftmals auch klassisches, unbedrucktes braunes Recyclingpapier. Allerdings viel zu wenige. Die Möglichkeit, sich in selbst mitgebrachte Behältnisse etwas einpacken zu lassen, besteht dafür erstaunlich oft, auch wenn dies nicht extra*

*angeschrieben ist. Nehmen Sie einmal eine Box von daheim mit
und lassen Sie sich Ihre Sushi dort hinein packen. Die meisten
Angestellten schauen zwar zunächst etwas überrascht, sind
dann aber gleich freudig bei der Sache. Schließlich müssen sie
so auch weniger Einwegverpackungen nachbestellen.*

KIMCHI

*Wie handhabe ich meine Vorräte, wenn mich neben den
Kunststoffverpackungen auch beschichtete Gläser oder Dosen
abschrecken, aber ich mir den Gang zum verpackungsfreien
Supermarkt auf die Dauer nicht leisten kann?*

Als ich Anfang zwanzig im Zuge eines Austauschsemesters zum ersten Mal nach Südkorea reiste, tauchte ich nicht nur vollends in eine Kultur ein, an deren Oberfläche ich bisher bestenfalls geschnorchelt hatte. Einige Einflüsse und Erfahrungen haben mich im »Land der Morgenröte« dermaßen geprägt, dass sie auch Jahre danach noch Teil meines Alltags sind. Ein Beispiel dafür ist Kimchi. Im Zuge des Studiums und des Kontaktes mit der koreanischen Küche war ich bereits seit Ende der 2000er immer wieder damit konfrontiert worden. Ganz überzeugen konnte mich dieser feurige Salat aus fermentiertem Chinakohl nie so wirklich. Zumindest solange, bis ich ihn vor Ort tagtäglich in jedem Restaurant zu jeder Mahlzeit konsumierte. Kimchi gehört zur koreanischen Küche wie

Reifen auf ein Fahrrad. Ohne das eine würde das andere schlichtweg kollabieren.

Selbst der Herstellungsprozess dieses ostasiatischen scharfen Äquivalents von Sauerkraut genießt gesellschaftlich nahezu einen sakralen Status. Nicht selten kommt die ganze Familie oder gar die halbe Nachbarschaft zusammen, um mit Schürzen und Gummihandschuhen bewaffnet in riesigen Waschtrögen den Monatsvorrat des verdauungsfördernden Kulturguts zuzubereiten. Während es traditionellerweise im Freien in Tonkrügen aufbewahrt wurde, ist es heute üblich, dass viele Haushalte einen eigenen Kimchi-Kühlschrank besitzen. Denn wenn Kimchi eine Eigenschaft bestimmt nicht aufweisen kann, dann ist das Geruchsneutralität. Dafür sorgt neben dem immerfort fermentierenden Chinakohl selbst eine Gewürzpaste mit aromatisch intensiven Zutaten wie Knoblauch oder Fischsauce.

Bei mir hat jedenfalls diese eindringliche kulinarische Exposition dazu geführt, dass ich mittlerweile regelmäßig mein eigenes Kimchi herstelle. Auch einige Freunde konnte ich schon vom Geschmack und dem positiven Effekt der Milchsäure auf die Magen-Darm-Flora überzeugen. In Ermangelung von Platz beziehungsweise klimatischer Bedingungen für einen Tontopf oder gar einen eigenen Kimchi-Kühlschrank landet das Kimchi bei mir aber meist in alten Einmachgläsern, die vorher Essiggurkerl oder Apfelmus zum Inhalt hatten.

Damit spare ich mir nicht nur ein paar Mal den Gang zum Altglascontainer, sondern auch Recyclingenergie sowie Geld, da ich keine Gläser extra kaufen muss. Das klingt fast zu gut. Wenig überraschend ist es daher, dass die Sache einen Haken hat. Genau genommen liegt dieser im Deckel. Ähnlich wie bei Konservendosen oder auch bei den meisten Drehverschlüssen von Flaschen oder Tetrapaks ist auch der Metalldeckel von Einmachgläsern fast immer mit einer Kunststoffschicht überzogen. Besonders suboptimal sind hierbei die Zutaten. Denn gerade bei den Beschichtungen von Lebensmittelverpackungen kommt regelmäßig Bisphenol-A (BPA) zum Einsatz. Dass diese Substanz ähnlich wie Östrogen wirkt, entdeckten britische Forscher bereits in den 30er Jahren. Seit den 90er Jahren weiß man, dass es sich aus den Kunststoffschichten herauslöst, in Nahrungsmittel übergeht und durch die Aufnahme von sehr kleinen Mengen bei Menschen schwere gesundheitliche Schädigungen mitverursacht. Dazu gehören unter anderem Diabetes, Adipositas, Störungen des Gehirns sowie Unfruchtbarkeit. Der österreichische Filmemacher Werner Boote ließ sich im Zuge der Dreharbeiten des bereits erwähnten Films Films *Plastic Planet* auch auf den Anteil von BPA im Blut untersuchen. Das besorgniserregende Resultat besagte, dass er als jemand, der ohnehin schon bewusst den Einfluss von Plastikprodukten im Leben gering hielt, eine Konzentration von BPA im Körper aufwies, die bei Versuchstieren zu ungefähr um vierzig Prozent verminderter Potenz führen würde. Die hormonellen Wirkungen dieses Zusatzmittels sind so stark, dass in Großbritannien in einem damit belasteten Flusssystem sogar Fische untersucht wurden, die sich aufgrund dessen zu Zwittern entwickelt hatten.

Obwohl diese Wirkung ja eigentlich seit mehreren Jahrzehnten mehrfach wissenschaftlich belegt ist, schaffen es die Erdölindustrie und Kunststoffhersteller die Politik derart unter Druck zu setzen, dass der Weg in Richtung eines Verbotes von BPA nur äußerst schleichend vorangeht. Ein erster Schritt umfasste die EU-weite Verbannung der Substanz als Bestandteil von Babyfläschchen, die 2011 in Kraft trat. Interessanterweise umfasst dieses Verbot aber nicht die Zusammensetzung von Schnullern, was deshalb von einigen Ländern auf nationaler Ebene umgesetzt wurde. Nach Frankreich, Schweden und Dänemark war Österreich eines der ersten Länder, das diese längst überfällige Maßnahme ergriff. Schließlich sind Kinder in der Säuglingsphase besonders sensibel auf äußere Einflüsse.

Einer der Gründe, weshalb selbstverständlich erscheinende Schritte dennoch nur so schleppend getätigt werden, ist die Befürchtung, dass im Falle eines Verbotes andere, noch schlechter erforschte Substanzen mit potenziell noch höherer Toxizität zum Einsatz kommen könnten.

Weil neben besonders hohen Temperaturen auch der Kontakt mit säurehaltigen Inhalten dazu führt, dass sich BPA aus Behältnissen ablöst, bin ich zu dem Entschluss gekommen, mein Kimchi nicht mehr in Einmachgläsern mit beschichteten Metalldeckeln aufbewahren zu wollen. Auch die in Korea gängige Variante, die einzelnen Stücke in Tupperware aufzuschlichten, widerstrebt mir aus denselben Gründen. Deshalb habe ich mir gestern bei einem lokalen Küchengeschäft gleich mehrere Sechserpackungen mit verschließbaren Sturzgläsern ohne Kunststoffanteil reservieren lassen. Um dem Fermentationsprozess standzuhalten, waren auch jene mit Korkverschluss keine Option, sondern es mussten Behältnisse mit einem etwas robusterem Deckel her.

Falls Sie in einem deutschen oder österreichischen Haushalt der 50er Jahre aufgewachsen sind, dann haben Sie bestimmt den Trend der Rex- beziehungsweise Weck-Gläser erlebt. Nachdem sie als Einmachgläser mit der Präsenz von Kühlschränken und Plastikbehältnissen zeitweise eher von der Bildfläche verschwunden sind, halten sie seit einigen Jahren wieder Einzug in den diversen Interior-Geschäften. Sturzgläser mit einem Glasdeckel, der lediglich durch Metallklammern fixiert wird. Der ansonsten übliche Gummi dazwischen bleibt in diesem Fall jedoch optional. Schließlich handelt es sich um ein Vertrauensverhältnis.

Zwei Einkaufssäcke gefüllt mit Schachteln stelle ich verschwitzt auf den Vorzimmerboden. Es ist Nachmittag und ich habe meine Bestellung abgeholt. Im Schnitt etwa zwei Euro fünfzig pro Glas ist zwar nicht nichts, aber auf jeden Fall verkraftbar. Ich hätte mir nicht gedacht, dass ich mich beim Auspacken über so etwas Simples derart kindisch freuen würde. Sobald ich das Kimchi erfolgreich umgetopft hatte, gipfelte meine Übermotivation sogar darin, meine Müslirationen für kommende Frühstücke abzufüllen. Wenn doch alles im Leben so einfach wäre. Hoffentlich freut sich meine Mutter kommende Woche ebenso. Denn ein Teil der Gläser ist für sie als Geburtstagsgeschenk angedacht. Vorausgesetzt, ich widerstehe der diabolischen Versuchung, ihr die zu Trinkgefäßen umfunktionierten, deckellosen ehemaligen Kimchigläser mitzubringen.

Fazit. *Kunststoffbeschichtungen verbergen sich selbst in Verpackungen, in denen wir sie vorerst gar nicht vermuten würden. Verpackungsfrei mit eigenen Gefäßen einzukaufen ist also eine valide Alternative. Falls dies auf Dauer nicht durchführbar ist, kann man viele Nahrungsmittel umfüllen. Auf jeden Fall lohnt es sich, einmal ein bisschen in wiederverwendbare Behältnisse aus Naturfaser, Glas, Metall, Holz oder Ton zu investieren, um den Einfluss von häufig in Plastik enthaltenen Zusatzstoffen zu minimieren.*

ERST GEKAUT, DANN AUSGESPUCKT

Ein Kaugummi löst sich einfach nicht auf, obwohl ich minutenlang aktiv darauf herumbeiße. Liegt an der ausgetüftelten chemischen Zusammensetzung. Aber dass diese Robustheit auch nach dem Ausspucken vorhanden bleibt, bedenken die wenigsten.

Ich erinnere mich an meine Zeit in der vierten Klasse Volksschule. Mein Schulfreund Bastian war von mehreren faszinierten Buben umringt. Das Objekt ihrer Begierde befand sich in seiner Hand. Jeder wollte einen Blick drauf werfen, es zumindest einmal in den Fingern halten. »Darf ich auch? Darf ich auch? Krieg ich auch einen?« Big Red. Eine Packung scharfer Kaugummis, die es hierzulande nicht zu erstehen gab. Als ich zum ersten Mal nach dem Unterricht am Weg zur Bushaltestelle einen geschenkt bekam und ihn mit einem anderen Freund teilte, war das Erlebnis zu viel für meine kindlichen Geschmacksnerven und ich verzog das Gesicht. Keine fünf Minuten später war auch der Reiz des Herumkauens verflogen und der halbe Big Red landete kugelförmig im Mistkübel.

Dennoch hatte der Kaugummi in der Prä-Teenagerzeit einen gewissen Coolness-Status, ehe dieser von den Zigaretten abgelöst wurde. Ich war aber nie eins von den coolen Kindern. Da meine Mutter während meiner Kindheit keine Befürworterin des Kaugummi-Kauens war, schaute ich meist nur zu, wenn Schulkollegen kunstvoll generierte Kaugummiblasen platzen ließen. Abgesehen davon beschränkte sich mein Konsum hauptsächlich auf ein paar natürliche Kinder-Kaugummis, die bereits nach gefühlten fünf Sekunden ihren Geschmack verloren hatten und nach einiger Zeit anfingen, sich im Mund aufzulösen. Erst im Laufe des Studiums begann ich, Kaugummis zu kauen, weil ich irgendwo gelesen hatte, dass es angeblich die Konzentration verbesserte.

Heute bin ich meiner Mutter dankbar für ihre Strenge in diesen Belangen. Die meisten Produkte herkömmlicher Marken verhalten sich nämlich anders als Kinderkaugummis. Der Großteil ihrer Kaumasse besteht aus petrochemischen Grundstoffen und ist biologisch nicht abbaubar, geschweige denn verdaulich. Auch Weichmacher kommen zum Einsatz. Meine letzten Packungen habe ich vor über einem Jahr gekauft und ihre Überbleibsel vorgestern im Restmüll entsorgt. Bei der Müllverbrennung können sie zumindest noch zur Energiegewinnung beitragen.

Das tägliche Kauen auf einem klebrigen Stück Kunststoff bringt nicht nur fragwürdige Nebenwirkungen für die Gesundheit mit sich. Besonders für die Umwelt sind Kaugummis schädlich, da sie nicht biologisch abbaubar sind und nur unter großem Aufwand vom Asphalt entfernt werden können. Mit jedem Schritt, der drüber geht, werden sie weiter in den Boden getreten, wo sie dann im Laufe der Zeit immer mehr Mikroplastik abgeben, das mit jedem Regenguss ins Grundwasser gelangt. Bei meinem kurzen Abendspaziergang mache ich es mir zur Aufgabe, die Kaugummiflecken in einer spärlich begangenen Seitengasse zu zählen. Trotz der Abgelegenheit sind es über sechzig Stück auf einem drei Meter langen Segment Gehsteig. Selbst wenn die Menschheit einmal verschwinden sollte und die großen Einkaufsstraßen unter Sedimentschichten versinken, die Kaugummispuren auf öffentlichen Böden würden selbst extraterrestrische Archäologen, die es auf unseren Planeten geschafft haben, vor ein Rätsel stellen.

»Ist hier einst eine intelligente Lebensform ernsthaft daran gescheitert, fünf Meter weiter zu einem Mistkübel zu gehen, oder hatten die klebrigen Punkte am Boden gar eine religiöse Bedeutung?«

In den Fußgängerzonen von Großstädten wie New York oder London finden sich nicht selten Stellen über hundert zertretene Kaugummis pro Quadratmeter. Die Reinigungskosten hierfür sprechen Bände. Über sechzig Millionen Pfund geben lokale Behörden in Großbritannien jährlich für die Entfernung von Kaugummis aus. Durch die hartnäckigen Eigenschaften des Materials sind aufwändige Verfahren bei der Beseitigung notwendig, deren Kosten den eigentlichen Wert der Kaugummis selbst um ein Vielfaches übersteigen.

Im urbanen Raum ist die Konzentration der grauen Flecken besonders hoch. Dabei landen die ausgespuckten Exemplare nicht nur wahllos am Straßenboden, sondern oft auch in der unmittelbaren Nähe von Mistkübeln. Da ist es durchaus verständlich, dass beispielsweise der Stadtstaat Singapur den Verkauf von Kaugummi, mit Ausnahme von medizinischen Produkten, verboten hat. Wer sich nicht daran hält, muss mit drakonischen Strafen rechnen.

Es gibt zwar Recyclingprojekte wie jenes von Designerin Anna Bullus, die den Inhalt von öffentlich platzierten Kaugummi-Sammelbehältern recycelt. Das Endprodukt dient zur Herstellung von Gummistiefeln. Aber auch solche Projekte sind vollständig davon abhängig, dass Menschen willens sind, ordnungsgemäß zu entsorgen. Vielleicht sollten wir uns bei der Gesetzgebung von Lee Kuan Yew in Singapur, was das betrifft, ein Scheibchen abschneiden und die

Strafen erhöhen. Derzeit liegen sie in den meisten europäischen Städten im niedrigen zweistelligen Bereich. Vorausgesetzt, sie werden überhaupt geahndet.

Das heißt natürlich nicht, dass wir umgehend ein Kaugummiverbot installieren müssen, um der dadurch verursachten Verschmutzung und den damit einhergehenden Reinigungskosten zu entgehen. Auch wenn saubere Gehwege etwas sehr Wünschenswertes sind, zur effektiven Umsetzung derartiger Verbote wäre vermutlich ein totaler Überwachungsstaat notwendig. Über die Vor- und Nachteile davon ließen sich ganze Enzyklopädien verfassen. Was aber durchaus im Kommen ist, sind biologisch abbaubare Alternativen zum erdölbasierten Produkt. Kaugummis gab es nämlich schon tausende Jahre vor deren synthetischer Herstellung durch Firmen wie *Wrigley's* und Konsorten.

Die antiken Griechen kauten auf Mastix, einer Art Harz des Mastix-Baumes, während auf der anderen Seite des Erdballs die Maya Chicle gewannen. Diese Stoffe gewinnen wieder an Popularität und sind ganz einfach im Biomüll entsorgbar. Bis sie ihre erdölbasierten jüngeren Verwandten eines Tages ersetzen, können sich die Kaugummi-Liebhaber unter Ihnen vielleicht ja schon eine Packung im Internet oder in einem lokalen Geschäft besorgen. Als sprichwörtlichen Vorgeschmack der Zukunft.

Fazit. *Während ein Großteil der im Handel erhältlichen Kaugummis eher aus fragwürdigem Material besteht, das weder gesund noch biologisch abbaubar ist und die Allgemeinheit* *bei der Entfernung viel Geld kostet, gibt es einen Schimmer Hoffnung. Pflanzliche Produkte sind wieder im Kommen und auf jeden Fall einen Versuch wert.*

»VOR DER MAHLZEIT EINNEHMEN«

Wir nehmen sogar regelmäßig Kunststoff mit dem Mund zu uns, ohne uns dessen bewusst zu sein. Damit meine ich jetzt nicht Mikroplastik, sondern beispielsweise die Beschichtung von Medikamentenkapseln.

Vitamin D. Besonders im Winter tendieren wir dazu, eher wenig davon zu haben. Wir bilden es im Kontakt mit Sonnenlicht. Ein Grund, weshalb die ersten Menschen, die vor zehntausenden Jahren nach Europa ausgewandert sind, eine hellere Haut entwickelt haben. Dadurch fiel es ihren Körpern leichter, trotz der oftmals sonnenarmen Bedingungen UV-B-Strahlung in Vitamin D umzuwandeln und das Risiko von Mangelerscheinungen zu verringern. Ein Problem, mit dem dunkelhäutige Menschen in Gegenden weiter abseits des Äquators stärker konfrontiert sind.

Wie kommt also beispielsweise eine Schwedin mit afrikanischen Wurzeln in einem dunklen, nebligen Winter an einem Ort wie Stockholm zu Vitamin D, wenn sie fast den ganzen Tag im Inneren eines Bürogebäudes verbringt?

Der Schlüssel hierfür liegt in der Ernährung. Besonders durch den Verzehr von Fisch, Fleisch, Eiern, Pilzen und

Milchprodukten können wir diesen fehlenden Zugang zu Sonnenlicht kompensieren. Falls besagte Schwedin vielleicht vegetarisch oder gar vegan lebt, dann sind ihre Optionen dementsprechend limitiert und sie täte gut daran, Substitute zu sich zu nehmen.

Weil Wien mit etwas über fünf Stunden im Jahresschnitt fast die gleiche Ausbeute an Sonnenstunden pro Tag wie Stockholm hat, ist die Situation hier nicht anders. Ich bin zwar kein Veganer, allerdings konsumiere ich recht selten Fleisch oder andere Tierprodukte, sodass ich phasenweise Omega-3-Fettsäurekapseln einnehme. Letztes Jahr habe ich meiner Freundin davon sogar im Weihnachtskalender ein paar Blister geschenkt. Aber wie steht es um den Erdölverbrauch für den Konsum solcher Tabletten?

Dass die Blister, in welchen sich die Kapseln befinden, und in manchen Fällen sogar die Verpackungen selbst zu einem großen Teil aus Plastik bestehen, dürfte allgemein bekannt sein. Worüber ich mir allerdings bis vor Kurzem nie Gedanken gemacht habe, sind die Tabletten selbst. Wie bei chemischen Erzeugnissen im Allgemeinen beinhaltet auch in der Pharmaindustrie ein Großteil der Produkte petrochemische Inhaltsstoffe. In etwa neun von zehn verschiedenen Tabletten finden sich Komponenten, die aus Erdöl hergestellt werden. Abgesehen von Aspirin sind wir selbst bei der Herstellung von einigen Antibiotika auf Nebenprodukte der Förderung des schwarzen Goldes angewiesen. Das Schmerzmittel Ibuprofen beispielsweise besteht zu hundert Prozent aus Erdöl-Derivat. Auch im Falle meiner Lachsöl-Kapseln kommt die berüchtigte Zutat zumindest bei der Verschalung zum Einsatz. »Coating« heißt es in der Fachsprache. Als wichtige Basis dafür fungiert das Thermoplast »Polyvinylacetat«. Zwar wird diese Art von Kunststoff im Normalfall vom Körper wieder ausgeschieden, landet dadurch aber dennoch im Abwasser. Da Erdöl als Komponente von Arzneien eine wichtige Funktion als Trägerstoff übernimmt, ist der Nutzen vertretbar. Nichtsdestotrotz fällt es uns womöglich leichter, die Pastillen zu schlucken, wenn wir wissen, dass diese von natürlich abbaubarer Zellulose umhüllt sind. Schon allein um der Placebo-Wirkung willen. Abgesehen davon wäre es ja schon ein wenig paradox, wenn in ein paar Jahren mit künstlicher Intelligenz versehene E-Autos ihre Besitzer darauf aufmerksam machen, sie würden zu viel Erdöl schlucken.

Fazit. *Die Kunststoff-Ummantelung von Tabletten halte ich im Normalfall aus gesundheitlicher Sicht für unbedenklich. Alternativ gibt es »HMPC« genannte Kapseln aus Zellulose oder auch Weichkapseln aus Gelatine, die auch wiederum ihre Vor- und Nachteile in der Herstellung aufweisen, jedenfalls schaue ich, dass ich generell nur dann zu Medikamenten oder Nahrungsergänzungsmitteln greife, wenn dies auch wirklich nötig ist.*

FRÖHLICHE BEISSERCHEN

Elektrisch oder händisch? Vor oder nach dem Frühstück? Rechte oder linke Hand? Von Kindheit an begleitet uns das Zähneputzen als eine der ersten Routinen im Leben. Zahnpastatuben und Bürsten aus Kunststoff sind daher selbstverständlich, der damit einhergehende Abfall unvermeidbar. Aber gibt es vielleicht neue oder gar altbewährte Optionen, die einen Test vertragen können?

Ein seltsames Gefühl. Es ist kurz nach sechs Uhr abends und ich stehe vorm Waschbecken im Badezimmer. Die 5500 Kelvin der kaltweißen LED-Lampe verleihen dem Gesicht der Person im Spiegel eine vampirische Hautfarbe. Ihre Stirn liegt in Falten.

Heute ist vermutlich einer der letzten kalten Wintertage in Wien. In der Nacht soll es minus neun Grad bekommen. Ich bin gerade knappe zwei Stunden lang mit einem Freund spazieren gewesen. Am Rückweg nahm ich bei einem Straßenstand Abendessen mit und weil ich mich nicht dagegen wehren konnte, auch eine Nachspeise. Fladenförmiges Süßgebäck mit Nuss-Nougat-Füllung. Bei so einer süßen Verführung direkt unter der Nase kann ich einfach nicht bis zum nächsten Tag warten, sie zu kosten. Für den Gaumen ein Traum, für die Zahngesundheit ein kleines Armageddon.

Um den dentalen Schaden meiner kulinarischen Sünde möglichst rasch zu minimieren, beschließe ich, die Zähne zu putzen. Noch etwas irritiert von der ungewöhnlichen Uhrzeit nehme ich meine elektrische Zahnbürste in die Hand. Pechschwarz und Mintürkis. Die Tatsache, dass die Bürstenköpfe aus Holzfaser und recyceltem Kunststoff bestehen, vermag es nicht, über die eigenwillige Farbkombination hinweg zu täuschen. Nur eine Frage der Zeit, bis die ersten Verschwörungstheorien über einen Zusammenhang zwischen Bürstenhersteller und österreichischer Parteipolitik entstehen.

Die meiste Zeit meines Lebens habe ich meine Zähne händisch geputzt. Vermutlich nicht immer ganz richtig, denn nach wenigen Monaten waren meine Zahnbürsten meist kaum wieder zu erkennen. Eine zerfledderte Irokesen-Frisur im Zwergformat beanspruchte den Platz, an dem einst fein säuberlich Borstenbündel in Reih und Glied standen. Meine Angewohnheit, hin und wieder auch mit der linken Hand zu putzen, war daran sicher nicht ganz unbeteiligt. Soll ganz gut sein, um beide Gehirnhälften miteinander zu vernetzen. Als Rechtshänder fühlt es sich dennoch jedes Mal aufs Neue an, als würde ich gerade das Gehen neu lernen.

Mittlerweile putze ich, um den Effekt zu optimieren, zumindest einmal am Tag elektrisch. Empfehlungen der Bayerischen Landeszahnärztekammer (BLZK) zufolge sollte man mindestens alle drei Monate die Zahnbürste wechseln, um Bakterienbildung zu entgehen. Wenn Sie emotional masochistisch veranlagt sind, können Sie sich jetzt ausrechnen, wie viele Bürsten Sie in Ihrem Leben noch ungefähr benötigen. Bei diesem Verbrauch entstünden alleine in Deutschland, Österreich und der Schweiz jährlich etwa sechstausend Tonnen Müll in Form von Zahnbürsten. Von Zahnpastatuben ganz zu schweigen.

Problematisch ist, dass die absolute Mehrheit der Zahnbürsten aus Kunststoff besteht und nur ein sehr geringer Anteil recycelt wird. Zwar kommen seit einigen Jahren auch bei Drogeriemärkten vermehrt Zahnpflegeprodukte aus wieder nachwachsenden Materialien wie Bambus ins Sortiment, allerdings befinden sich diese meiner persönlichen Erfahrung nach noch in einer Entwicklungsphase. Nachdem ich bisher mindestens ein halbes Dutzend verschiedene Bambus- und Buchenholz-Fabrikate in den Händen und zwischen den Lippen hatte, gönne ich mir davon regelmäßig Pausen. Einerseits, weil laut Expertenkonsens elektrische Zahnbürsten eine bessere Wirkung zeigen, und andererseits, weil die Ergonomie der hölzernen Vertreter noch nicht ganz ausgefeilt zu sein scheint. Die Doppeldeutigkeit ist hierbei beabsichtigt. Nicht selten kam es vor, dass ich mir aufgrund naturbelassener Holz-Zahnbürsten-Kanten meine Mundwinkel wund gescheuert habe. Als ich mich darüber regelmäßig nicht wenig geärgert habe, bin ich auf Zahnbürsten der Firma »Happybrush« gestoßen. Dieser in Deutschland ansässige Hersteller fabriziert Zahnpflegeprodukte mit einem hohen Anteil recycelter Inhaltsstoffe. Unter anderem elektrische Zahnbürsten, deren Köpfe zu vierzig Prozent aus wieder nachwachsenden

Holzfasern bestehen. In dem Fall bisher zweifelsohne ein Kompromiss meinerseits, da es sich bei den recycelten Plastikanteilen ja letztlich auch um Erdölprodukte handelt, die Mikroplastik mitverursachen. Was ich leider nicht herausgefunden habe, ist, ob ein solches Mischmaterial im Einsatz mehr oder weniger chemische Inhaltsstoffe abgibt. Die nachhaltigsten Bürstenköpfe für Elektrozahnbürsten, die ich bisher gefunden habe, sind jene von Tiomatik. Sie bestehen laut Hersteller zu neunzig Prozent aus nachwachsenden Rohstoffen und funktionieren auch bei herkömmlichen Zahnbürstenmodellen. Nichtsdestotrotz habe ich kürzlich wieder einer händischen Holzzahnbürste die Chance gegeben.

Doch auch hierbei raten Experten dazu, aus Hygienegründen auf Produkte mit Naturborsten zu verzichten und lieber zu welchen mit Nylonfasern zu greifen. Da jedoch auch Nylon ein Erdölprodukt ist, reicht mir das noch nicht aus. Immerhin gibt es ein aufstrebendes Ersatzprodukt namens Bio-Nylon, das aus Rizinusöl hergestellt wird. Auch die Bürstenköpfe von Tiomatik haben solche Fasern im Einsatz. Zahnseide aus Bio-Nylon ist bei den Drogeriemärkten bei mir ums Eck jedoch leider nicht erhältlich. Die Suche nach einer brauchbaren Option ohne erdölbasierte Inhaltsstoffe geht weiter. Gibt es vielleicht auch eine nützliche Alternative zur Zahnbürste selbst?

Im Zuge meiner Zahnputz-Recherchen bin ich über die Info gestolpert, dass die Zahnbürste im fünfzehnten Jahrhundert in China aufgekommen ist. Da muss ich mich natürlich auch fragen: Was war davor? Ein Mysterium, das mich seit der Kindheit immer wieder situationsbedingt heimsucht. Trotz Internetzugang war meine Neugier aber scheinbar nie groß genug, mich ernsthaft damit auseinanderzusetzen. Der Informationsüberfluss des einundzwanzigsten Jahrhunderts bietet einfach am laufenden Band endlose Alternativen, meine Aufmerksamkeit auf etwas anderes abzulenken.

Tatsächlich war es vor der Allgegenwärtigkeit der Zahnbürste gang und gäbe, auf Holzstücken herumzukauen, um sich so die Pappalatur (»Mundöffnung«) sauber zu halten. Vielleicht kommt daher das Bild des Revolverhelden im Wilden Westen, dessen Coolness zu zwei Dritteln auf dem Zahnstocher im Mundwinkel beruht. Sicher eine zielführende Strategie, um Kindern das Zähneputzen sympathisch zu machen.

Weil zur Zeit der Kreuzzüge auch der Zucker seinen Weg in europäische Münder fand, hatte dies natürlich verheerende Auswirkungen auf die darin befindlichen Kauorgane. Wie so ziemlich alle neuen Importgüter war zunächst jedoch auch Zucker hauptsächlich der zahlungskräftigen Oberschicht vorbehalten. Infolgedessen ergab es sich sogar, dass im zwölften Jahrhundert phasenweise schwarze Zahnstummel ein Zeichen des Wohlstands waren. Pfui Teifel.

Eine hierzulande eher exotische Alternative zur Zahnbürste ist der Miswak-Zweig. In afrikanischen und orientalischen Gegenden als natürliches Werkzeug der

Mundhygiene in Gebrauch, muss ich gestehen, dieses Kauholz in Europa noch nie in Anwendung gesehen zu haben. Mittlerweile kann man sich diese etwa fünfzehn bis zwanzig Zentimeter langen Ästchen problemlos nach Hause liefern lassen. Bei laufender Kürzung und richtiger Handhabung lässt sich ein Stück Holz sogar ohne weiteres einen Monat lang verwenden. Die Anreise aus dem mittleren Osten ist natürlich ein Wermutstropfen, aber es ist anzunehmen, dass in einem Stück Zweig kein Erdöl verarbeitet ist. Dazu kommt noch, dass die Inhaltsstoffe des Miswak-Zweiges Studien zufolge antimikrobielle, entzündungshemmende sowie krampflösende Wirkung haben. Eine Eigenschaft, die sogar Zahnpasta überflüssig macht. Unter diesen Umständen kann ich nicht anders, als ernsthaft in Erwägung zu ziehen, mir dieses ominöse Ästchen im Internet zu bestellen. Solange es nicht über die Maße in Plastik verpackt angeliefert wird, wäre das eine durchaus vertretbare Option. Der Kunststoff einer herkömmlichen Zahnbürste reist vermutlich ebenso weit und lässt sich danach nicht am Komposthaufen klimaneutral entsorgen. Hinzu kommt noch, dass so ziemlich jede Zahnpastatube ebenfalls synthetisch hergestellt wurde. Manche bestehen zwar zu einhundert Prozent aus recyceltem Kunststoff, zu welchem Anteil sie dann aber selbst wieder recycelt werden, ist vom Entsorgungssystem abhängig.

Auch ihr Inhalt ist nur in den seltensten Fällen Bio. In so mancher Zahncreme befinden sich sogar Mikroplastik-

Kügelchen, die als Schleifmittel fungieren, um Verunreinigungen abzureiben. Dass davon bei jedem Mal Zähneputzen ein gewisser Anteil im Gewebe des Mundes hängen bleibt, liegt auf der Hand. Dennoch passiert es, dass wir uns für ein strahlend weißes Lächeln ein biologisch kaum abbaubares Produkt aus verwestem Urzeitschlamm auf unsere Beißer reiben. Sollten Sie demnach bei den Inhaltsstoffen Ihrer Zahncreme Polyethylen (PE) oder Polypropylen (PP) entdecken, dann wäre es sinnvoll zu überdenken, ob Sie nicht doch lieber ein bisschen mehr in ein natürliches Produkt investieren wollen.

Die regelmäßige Verwendung chemischer Substanzen im Mund verdient besondere Aufmerksamkeit. Schließlich geht es nicht nur darum, ein optisch ansprechendes Gebiss zur Schau zu tragen, sondern auch gesund zu sein. Denn wo Nahrungsaufnahme stattfindet, kann die stetige Aufnahme schädlicher Inhaltsstoffe im ganzen Körper negative Auswirkungen haben. Glücklicherweise gibt es jedoch immer mehr Zahncremen mit natürlichen Inhalten, deren Säuberungsleistung ihren Nicht-Bio-Pendants um nichts mehr nachsteht.

Über zigtausend Jahre hinweg hat der Mensch ausschließlich natürliche Produkte verwendet. Im Hunger der Wissenschaft hat er schließlich synthetische Produkte für sich entdeckt, um nach einigen Jahrzehnten dann doch wieder Schritt für Schritt zumindest zu einem Mittelding der beiden zu finden. Von einer logischen Perspektive stimmt mich das ziemlich optimistisch. Erfolg bei Experimenten beruht auf Fehlschlägen. Das ist beim Liebesleben nicht anders. Wir treffen unterschiedliche Partnerinnen und Partner, mit unterschiedlichen Vorzügen, immer darauf bedacht, ein Upgrade zum vorherigen Status quo zu finden. Solange, bis wir uns mit einer ganz passenden Kombination zufriedengeben oder uns beginnen zu fragen, ob wir nicht vielleicht schon wieder ein Downgrade unserer selbst sind.

Bleibt nur zu hoffen übrig, dass wir ausreichend aus unseren Fehlern lernen. Die Menschheit hat schließlich, im Unterschied zum partnersuchenden Individuum, mehr Zeit zur Verfügung. Von daher sollte eigentlich nichts zwischen uns und der Entdeckung eines nachhaltigen sowie funktionalen Optimums bei der Zahnpflege stehen. Mir ist natürlich auch bewusst geworden, dass die letzten Absätze für diese Thematik ungeplant philosophische Züge angenommen haben, daher zurück zur Dentalhygiene.

Wochen, nachdem ich über die Miswak-Zweige gelesen habe, passiert es mir ganz zufällig. Ich hatte den Gedanken eigentlich schon wieder zugunsten anderer Optionen ad acta gelegt, als ich in einem indischen Supermarkt im Regal eine Miswak-Zahnpasta erspähe. Wie es sich herausstellt, leider mit petrochemischen Inhaltsstoffen versehen. Doch nur einen knappen Meter weit davon entfernt befindet sich eine Packung Süßholz-Zweige. Ähnlich wie Miswak-Zweige haben sie auch eine antibakterielle, antivirale, antimykotische und entzündungshemmende Wirkung. Obwohl oder gerade weil ich keine Ahnung habe, wie man diese ominösen Stäbchen handhabt, landen sie in meinem Einkaufskorb. Jetzt gibt es kein Entrinnen mehr. Früher oder später muss ich sie trotz all der Skepsis ausprobieren.

Seit sage und schreibe fünf Wochen schiebe ich dieses Austesten nun schon vor mir her, bis ich mich endlich darüber getraut habe. Prokrastination ist etwas Schreckliches. Ich fahre zu meinen Eltern, um in deren Abwesenheit die Blumen meiner Mutter zu gießen und wie es der Zufall in einem Anflug botanischer Ironie halt will, fällt, kurz bevor ich mich auf den Weg mache, mein Blick auf die Packung mit den Süßholzzweigen. Hastig werfe ich sie in den Rucksack und verlasse die Wohnung.

Ein paar Stunden später, ich habe gerade einen kleinen Nachmittags-Imbiss verputzt, google ich noch einmal die Anwendung nach. Dass ich dabei lese, Süßholz sei die Grundlage für Lakritze, lässt mich erst einmal kurz schaudern. Auch wenn die Mutter meines besten Freundes mir schon oft derartige Delikatessen angeboten hatte, konnte ich ihre Liebe dafür nie so recht nachvollziehen. Dennoch, nach über einem Monat Aufschieberei kann ich den Zweig nicht schon wieder unbeachtet lassen.

Ich schneide das Ende zurecht, weiche es in ein bisschen Wasser auf und beginne anschließend, darauf herumzukauen. Und siehe da, nachdem ich anfänglich ein paar kleine Späne ausspucken oder zu schluckbarem Brei zermalmen muss, bildet sich tatsächlich eine bürstenhafte Fläche an der Spitze. Ich streiche damit über die Zähne und stelle mich an wie der erste Mensch, als ich versuche, die Rückseite derselben zu erreichen. Aber gut, dafür gibt es ja auch Bürsten mit Griff, in die man ein Stückchen Zweig einsetzen kann. Nach zwei Minuten tollpatschiger Holzbürsterei lege ich das Ästchen beiseite, um mir den scheußlichen Lakritzgeschmack aus dem Mund zu spülen. Auch die eine oder andere Süßholz-Faser landet im Abfluss. Ungeachtet der speziellen Aromen und der ungewohnten Handhabung fühlt sich das Ergebnis jedoch gar nicht so schlecht an. Auch der Nachgeschmack hat etwas Frisches und wenngleich ich definitiv noch mit einer Zahnseide die restlichen Zellulose-Partikel zwischen den Zähnen hervorholen muss, werde ich es sicher noch öfter probieren, mir auf diese Art das Gebiss zu säubern. Es gibt ja auch bei meiner Handhabung noch Raum für Verbesserung.

Da das Thema so vielseitig ist, bin ich mittlerweile testweise auf Zahnputztabletten umgestiegen. Dabei handelt es sich um kleine Pastillen, die nur aus natürlichen Zutaten bestehen. Sogar die Verpackung war frei von petrochemischen Inhaltsstoffen. Die Anwendung ist anfangs ungewohnt, aber in ihrer Wirkung überraschend. Man zerkaut eine Tablette, wodurch sie mit Speichel Schaum bildet, bevor man mit einer weichen Bürste zu Werke geht. Plastikmüll fällt keiner an, denn die Verpackung besteht aus Glas oder aus biologisch abbaubaren Päckchen. Auch in Sachen Vielfalt tut sich einiges. Erhältliche Geschmacksrichtungen reichen von Erdbeer bis Zitrone-Minze, auch Varianten mit oder ohne Fluorid stehen zur Wahl. Einer Zwei-Monats-Packung kostet etwa so viel wie eine etwas teurere Zahnpasta. Wenn ich nach dieser Testphase mit dem Ergebnis zufrieden bin, bestelle ich einen Jahresvorrat bestellen.

Fazit. *Bei Zahnhygiene gibt es viele Möglichkeiten. Obwohl Zahnpastatuben aus Plastik noch die Regale dominieren, ist zu erkennen, wie das Sortiment der Alternativen anwächst. Die Vielzahl an erdölfreien Möglichkeiten, deren Produktion selbst in deutlich größeren Mengen nicht annähernd so schädlich für den Planeten wäre, macht Hoffnung für die Zukunft. Dennoch ist es notwendig, dass Bevölkerung und Hersteller gleichermaßen Offenheit für neue Methoden beweisen. Denn um den Kreislauf zu brechen, reicht es nicht aus, wenn einfach statt neuem Plastik recyceltes verwendet wird.*

AROMATISCHE BEGLEITUNG

Sauberkeit. Manchmal ist sie erwünscht, ein andermal Luxus, dann wiederum ein Muss. In den meisten heimischen Haushalten trägt eine Waschmaschine maßgeblich dazu bei, dass wir unsere Kleidung fleckenlos halten können, ohne allzu viel Zeit zu verlieren. Doch auch diese Innovation hat oft ihren Preis.

Vogelzwitschern. Es ist ein wolkenloser Sonntag Ende Februar. Die Tage werden wieder länger. Ich verabschiede mich von meinen Eltern und gehe zur Türe hinaus. Sofort umhüllt eine unverkennbare Wolke meine Nase. Wie ein unsichtbarer Wattebausch, dessen süßlichen Duft ich keiner mir bekannten Blütenart zuordnen kann. Es braucht mindestens fünfzig Schritte, bis ich ihn wieder los bin. Die Nachbarin hatte Wäsche gewaschen.

Ein Sinneseindruck, der mich etwa zwanzig Jahre lang regelmäßig begleitet hat. Ich bin ein ziemlicher Nasenmensch. Als Kind fand ich es immer wieder aufs Neue faszinierend, in einem anderen Haushalt auf Besuch zu sein. Besonders beeindruckt war ich von der Tatsache, wenn meine Kleidung am nächsten Tag noch wie die besuchte Wohnung roch.

Die Ursache für diesen Zauber lag in der Verwendung von Weichspüler. Jene mysteriöse Zutat, die dafür verantwortlich ist, dass sich frisch gewaschene Wäsche besonders geschmeidig anfühlt und wir beim Einatmen unweigerlich davon fantasieren, im Blumengarten eines orientalischen Märchens zu sitzen.

So wie bei jenen Bildern handelt es sich jedoch beim Gefühl der Frische, das wir mit Weichspüler assoziieren, leider nur um eine Illusion. Stiftung Warentest untersuchte im Jahr 2019 knappe zwei Dutzend Weichspüler. Nur sechs Produkte schafften es dabei, mit einem »Gut« benotet zu werden. Zwar sind die weichmachenden Tenside mittlerweile großteils biologisch abbaubar, allerdings schädigen sie Saugfähigkeit und Struktur der Kleidung und weitere Zutaten wie Duftmittel sind in vielerlei Hinsicht bedenklich. Einerseits belasten die darin enthaltenen Chemikalien das Abwasser, andererseits können sie auch Allergien verursachen. Vom enthaltenen Mikroplastik ganz zu schweigen. Dementsprechend lautete auch das Fazit der Experten, Weichspüler bestenfalls selten und sparsam zu verwenden oder gleich ganz darauf zu verzichten. In dieser Hinsicht habe ich zum Glück keinen Mehraufwand beim Verzicht, weil ich künstlichen Duft immer schon als unheimlich empfunden habe. Besonders der mit Granny-Smith-Apfelaroma versehene Toiletten-Duftspray ehemaliger Mitbewohner hat mich dahingehend nachhaltig traumatisiert. Bis heute assoziiert mein Gehirn den Geruch von sauren Äpfeln unweigerlich mit fäkalen Dämpfen.

Zurück zur Kleidung. Um die Wäsche weich und geschmeidig zu bekommen, reicht eigentlich auch ein Stamperl Essig pro Waschgang. Aber wie sieht es mit Waschmitteln aus? Wenn Sie schon auf Weichspüler eher verzichten sollten, was können Sie sonst verwenden, ohne sich wie der Umweltsünden-Satan höchstpersönlich zu fühlen?

Gar nicht so einfach, schließlich ist die Möglichkeit, sich über die Inhaltsstoffe zu informieren, oft alles andere als benutzerfreundlich gestaltet. Zum einen reicht es bei Waschmitteln, im Gegensatz zu Nahrungsmitteln und Kosmetika, teilweise aus, die Ingredienzen auf einer Homepage anstatt direkt auf der Verpackung anzugeben. Den Mehraufwand, diese einzusehen, nehmen nur die wenigsten Leute auf sich. Zum anderen wird getrickst, da viele Waschmittelhersteller anstelle von Mikroplastik einfach flüssiges Plastik verarbeiten. Aus einer

2019 von der Organisation Global 2000 herausgebrachten Liste lässt sich entnehmen, dass zu jenem Zeitpunkt 119 von 300 untersuchten Waschmitteln flüssiges Plastik beinhalteten. Bevor Sie jetzt in Panik ausbrechen und aus Verzweiflung Ihr Waschmittel oder aus Trotz dieses Buch verbrennen, besuchen Sie folgenden Link: *https://www.umweltberatung.at/oekorein*.

In dieser Datenbank finden Sie »umwelt- und gesundheitsschonende Waschmittel, Reinigungsmittel und Rinseoff-Kosmetikprodukte« aufgelistet. Welche Gütesiegel das jeweilige Produkt vorweist, können Sie ebenfalls einsehen.

Es ist aber gar nicht nötig, Flüssigwaschmittel zu verwenden. Sie haben bestimmt schon von biologischen Alternativen gehört. Die asiatischen Waschnüsse sind eine trendige Option. Sie wachsen auf Bäumen und sind auch recht günstig. Wenn Sie auf heimische Gewächse zurückgreifen wollen, dann können Sie auch aus Kastanien und Efeu dank der darin enthaltenen schaumerzeugenden Saponine ein eigenes Waschmittel herstellen. Für weiße Wäsche allerdings weniger geeignet, weil diese nach wenigen Wäschen leicht ergraut. Da schafft auch eine Kombination Abhilfe, die mich jahrelang begleitet hat, wenn ich als jugendlicher Kampfsportler meine »Dobok« genannten Kampfanzüge wieder sauber bekommen wollte. Eine Mischung aus Waschsoda, Seife und etwas Tafelessig und die Sportuniform erstrahlte wieder in leuchtendem Weiß.

Wer trotzdem Flüssigwaschmittel verwenden will, hat noch eine andere Option. Selber herstellen. Dazu habe ich auf der Seite *www.utopia.de* ein recht einfaches Rezept von Bloggerin Laetitia Delorme gefunden. Die Zutaten dafür sind einfach: Etwas Kernseife, Gallseife, Waschsoda, Wasser, gegebenenfalls Zitronensäure und ein paar Tropfen ätherisches Öl nach Wahl. Der Kostenpunkt liegt bei etwa einem Euro pro Liter und ist somit sogar deutlich billiger als viele Waschmittel. Die Zutaten lassen sich außerdem sehr leicht besorgen und auch die Arbeitsschritte sind einfach durchzuführen. Der physische Vorgang des »Seife-Raspelns« und des Vermengens macht sogar einigermaßen Spaß. Falls Sie zwei Fliegen auf einen Streich schlagen wollen, dann können Sie besagte Arbeitsschritte auch an hyperaktive oder unterbeschäftigte Kinder, Mitbewohner oder Partner weiterdelegieren. Natürlich nur, falls Sie welche zur Verfügung haben. Ich bin jedenfalls schon ganz motiviert und habe in Papier verpackte Kernseife und Waschsoda bestellt. Mal sehen, was meine Freundin dazu sagt, wenn ich sie damit konfrontiere, dass ich bald ihre heiß geliebte Parmesanraspel zum Seife-Hobeln zweckentfremden werde. Dafür plane ich, gleich fünfzehn Liter Waschmittel herzustellen. Sofern es gelingt und wir nicht Flasche für Flasche als Inbegriff des Danaergeschenks im Bekanntenkreis verteilen müssen, kommen wir damit sicher jahrelang aus. Dass wir als Behälter alte Flaschen wiederverwenden können, ist dabei nur ein positiver Nebeneffekt.

Wenn es Sie jetzt auch schon in den Fingern juckt und sie eine arbeitslose Käsereibe bei der Hand haben, den Link zur Anleitung finden Sie hier: *https://utopia.de/ratgeber/ waschmittel-selber-machen/.*

Nur nicht davon abschrecken lassen, dass ein ätherisches Öl bei der Anschaffung etwas mehr kostet. Dafür kommen Sie damit ewig aus.

Fazit. *Es gibt im hiesigen Handel des Öfteren ein bis zwei erdölfreie Waschmittel und manchmal sogar Waschnüsse und dergleichen zu erstehen. Der absolute Großteil der Produkte beinhaltet aber immer noch petrochemische Erzeugnisse. Bei Ökowaschmittel handelt es sich eher noch um ein Nischenprodukt. Dafür lassen sich größere Mengen recht einfach selbst herstellen.*

BREIKOST

Es gibt einen universalen Faktor, der maßgeblich bestimmt, wie viel Aufwand wir für das Sauberhalten von Kleidung investieren müssen: das Alter. Bei jenen Gruppen, die ihre Körperfunktionen noch nicht oder nicht mehr ganz unter Kontrolle haben, kämen wir ohne Hilfsmittel in Form von Windeln mit dem Waschen kaum nach. Dementsprechend ist auch die Frage, ob man auf Wegwerfprodukte oder auf wiederverwendbare Artikel setzt, nicht einfach.

Ein seltsamer Wettbewerb. »Wer wird die erste sein?«, lautet die wiederkehrende Frage. Das Rennen hat schon vor langer Zeit begonnen und seine Teilnehmerinnen merken oft erst sehr spät, dass sie überhaupt mitlaufen. Wie sie damit umgehen, bleibt ihnen überlassen. Wenigstens können sie in einem Teil der Fälle ihren Weg selbst wählen oder das Ziel ignorieren und ein neues definieren. Aber dass sie beim Rennen beobachtet werden, können sie nur schwer kontrollieren. Auch nicht, was sich die Zuschauer denken und welche Wetten sie abschließen. Genauso wenig, wie sich das Publikum der Frage erwehren kann, wie lange seine Favoritinnen noch brauchen. Vielleicht rennt ja eine aus Versehen als erste durch den Zielbogen.

Das Rennen der Männer findet gleichzeitig statt. Allerdings dauert es länger und bekommt im Gegensatz zu Sportevents der Leichtathletik weniger Beachtung durch die Öffentlichkeit. Dafür passiert es regelmäßig, dass Teilnehmer durchs Ziel stolpern, ohne es überhaupt mitzubekommen. Manche erfahren sogar nie davon.

Das erste Mal, als ein Mädchen aus meinem Jahrgang schwanger war, erzählte es mir ein Freund aus seiner Klasse bei der Bushaltestelle. Ich konnte es kaum glauben. In meiner Lebenswahrnehmung lag diese Art von Ereignis noch weit in der Zukunft. Wir waren sechzehn Jahre alt und so mancher Spätzünder hatte noch nicht einmal den Stimmbruch abgeschlossen. Für Gesprächsstoff sorgte die Neuigkeit allemal, schließlich ging die werdende Mutter noch zur Schule. Sie hatte das Rennen für sich entschieden, Jahre, bevor sich bei ihren Jahrgangsgenossinnen der soziale oder biologische Druck bemerkbar machen würde.

Wer nach ihr der oder die nächste war, bin ich mir gar nicht mehr zu hundert Prozent sicher. Vermutlich nahm ich es mit hochgehobenen Augenbrauen zur Kenntnis, aber so einschneidend wie das erste Mal war es nicht.

Richtig präsent wurde das Thema Nachwuchs für mich in den letzten drei bis fünf Jahren. Da ich erst kürzlich meinen dreißigsten Geburtstag hinter mir habe und sich ein Großteil meines persönlichen Umfeldes in einem ähnlichen Alter befindet, gibt es kein Entkommen, auf dem einen oder anderen Weg damit konfrontiert zu werden. Für die einzigen Abweichungen sorgen hierbei zunehmend verschwindende äußere Einflüsse wie wirtschaftliche Sicherheit und kulturelle Einflüsse. Abgesehen davon ist in diesem Alter die Präsenz von schwangeren Frauen und Säuglingen besonders hoch. Oder wie der Volksmund zu sagen pflegt: »Auf einmal werfen alle.«

Diese Formulierung ist natürlich nur eine schelmische Umschreibung jenes magischen Moments, der das Leben aller involvierten Personen für immer verändern wird. Wo das »Werfen« allerdings in den folgenden Monaten und Jahren wirklich zum Einsatz kommt, ist bei der Müllentsorgung.

Zwischen dreitausend und sechstausend Windeln braucht europäischer Nachwuchs in den ersten paar Lebensjahren bis zur Entwöhnung. In Nordamerika und Japan sind es sogar noch mehr. Das ergibt in Summe ein bis zwei Tonnen Windelmüll pro Kind. Infolgedessen machen in den meisten kleineren Gemeinden Deutschlands Windeln ungefähr ein Zehntel des gesamten Restmülls aus. Grund dafür ist die Bevorzugung von Wegwerfwindeln. Während die Eltern in Europa, Japan oder Amerika ihre Säuglinge fünf bis zehnmal pro Tag mit Einwegwindeln wickeln, kommen Familien in Ländern wie China oder Indien meist über ein Jahr lang mit etwa zwanzig Stoffwindeln aus. Ein System, bei dem die Windeln nach dem Rotationsprinzip verwendet und durchgehend heiß gewaschen werden. Infolgedessen erfolgt auch die Entwöhnung schneller. Lediglich die Logistik ist etwas komplizierter, besonders, wenn man unterwegs ist oder das Baby im Mangel an Alternativen täglich zum Arbeitsplatz mitnehmen muss. Da kann es schon unpraktisch sein, gebrauchte Stoffwindeln wieder einpacken zu müssen.

Weil jedoch im Normalfall kaum etwas wichtiger ist als der eigene Nachwuchs, ist mit einem steigenden Bewusstsein für die schädlichen Effekte von Erdölprodukten auch der Ruf nach Windeln ohne Synthetikanteil lauter geworden. Dennoch ist trotz steigender Qualität von Einwegwindeln die Verträglichkeit von Mehrwegwindeln deutlich besser. Auch die bessere Polsterung von Stoffwindeln ist für Kleinkinder, die noch nicht sicher auf den Beinen sind, ganz hilfreich, sollten sie auf den Hintern plumpsen. Zu guter Letzt lässt sich über die Zeit, die das Waschen in Anspruch nimmt, damit hinwegtrösten, dass Stoffwindeln nicht nur gesünder für die Kinder und besser für die Umwelt sind, sondern auch bis zur Entwöhnung nur einen Bruchteil der Kosten verursachen, die bei der Verwendung von Wegwerfwindeln anfallen.

Ein Faktor, der bei dieser Thematik noch erwähnt werden sollte, ist die Tatsache, dass Windeln ab einem gewissen Alter in Form von Inkontinenzeinlagen wieder an Bedeutung gewinnen. Besonders dann, wenn die Gesellschaft von einer hohen Überalterung betroffen ist. Paradebeispiel dafür ist Japan, wo ungefähr seit Anfang der 2010er Jahre mehr Windeln für Senioren verkauft werden als für Babies. Der Markt für Schutzhosen gegen Inkontinenz ist im Land der aufgehenden Sonne so präsent, dass sich die Werbeindustrie mit ihren Produkten sogar direkt an die Endverbraucher selbst richtet. Beachtet man den Unterschied in der Körpergröße zu Neugeborenen, so ist es bei Erwachsenenwindeln in Hinblick auf den Verbrauch von Erdöl sogar noch wichtiger, auf nachwachsende Materialien zu setzen. Schließlich wird pro Exemplar deutlich mehr Werkstoff verarbeitet als beim Nachwuchs.

Fazit. *Auch wenn regelmäßig neue Produkte auf den Markt kommen, ist der Großteil der in Europa oder Nordamerika verwendeten Windeln noch weit davon entfernt, frei von Plastik zu sein. Das Aufleben von umweltfreundlicheren Alternativen wie Stoffwindeln ist zwar sehr löblich, aber hat noch Entwicklungspotenzial. Bleibt zu hoffen, dass bis zu einer Markteroberung biologisch vollends abbaubarer Einwegwindeln die niedrigeren Kosten und bessere Verträglichkeit von Stoffwindeln deren Popularität wieder steigern.*

SCHAUM SCHLAGEN

Immer noch oldschool? Während sich in den Drogeriemärkten von heute Pflegeprodukte und Flüssigseifen für jedes Körperteil in unzähligen bunten Plastikflaschen aneinanderreihen, ist die gute alte feste Seife alles andere als obsolet geworden.

Es ist Wochenende. Sommer. Meine Schwester und ich werden von unserer Großmutter liebevoll in die Badewanne gejagt. Nach einem Tag Herumspielen in Wiese und Sandkiste bitter nötig. Jedes Mal, wenn wir übers Wochenende bei den Großeltern zu Besuch waren, hatte sich im Badezimmer etwas verändert. So auch dieses Mal. Das bunte Knäuel neben der Dusche. Meine Oma war generationsbedingt von der sparsamen Sorte und hat immer die Überbleibsel sämtlicher Seifen zu einer »Resterl-Seife« zusammengeknetet. Deren vermutlich kalkulierter Nebeneffekt bestand darin, dass die Farbkombination auch die Neugier schmutziger kleiner Racker weckte, die sich immer wieder aufs Neue für die einzelnen Gerüche begeisterten und so vermutlich recht wenig Widerstand gegen das Waschen leisteten.

Heutzutage ist vielerorts anstelle der klassischen Kernseife eine Plastikflasche mit Flüssigseife anzutreffen. Bei so mancher Flughafentoilette wird einem sogar, ausgelöst durch einen Bewegungssensor, gleich der fertige Schaum auf die Finger portioniert. Während es auf öffentlichen Toiletten aus mehreren Gründen durchaus Sinn macht, möglichst viele Interaktionen kontaktlos zu gestalten, ist die Notwendigkeit im Privatbereich eher fragwürdig. Feste Seife ist nicht nur schonender für die Umwelt. Im Haushalt steht sie auch, was Hygiene anbelangt, ihrem Pendant im Seifenspender um nichts nach. Während Keime auf einem Seifenstück nämlich normalerweise recht kurzlebig sind, überleben sie im Pumpmechanismus eines Seifenspenders deutlich länger. Wenn Sie sich also die Mühe machen, für eine flottere Anwendung Flüssigseife in einen Mehrweg-Spender aus Metall abzufüllen, so bleiben immer noch die Risiken der höheren Keimbelastung sowie die erdölbasierte Verpackung der Flüssigseife übrig. Aber keine Panik, falls Ihnen ersteres aufgrund der Tatsache, dass man sich ja eh die Hände wäscht, egal ist: Auch die Plastikverpackung können Sie ganz gut vermeiden, indem Sie die Flüssigseife selbst herstellen. So lassen sich auch die praktischen Vorteile eines Seifenspenders zumindest auf nachhaltige Art rechtfertigen.

Jahre später stehe ich unter der Dusche (ich habe seit der Kindheit mein Waschverhalten von der Horizontalen in die Vertikale verlagert) und denke mir: »Warum schäumt es nicht?« Ich bin mir etwas unsicher, ob Verzweiflung oder Belustigung das vorherrschende Gefühl in meiner Brust ist. Hilflos versuche ich, aus dem letzten Rest meines 3-in-1 Shampoos im letzten Rest meiner Kopfbehaarung ein weiches weißes Gebilde aus Perlen zu erzeugen. Fehlanzeige. In einem Anflug spontaner Experimentierfreude habe ich mir am Vortag eine Dreimillimeterfrisur geschoren. Jetzt weiß ich zwar über sämtliche Dellen und Ausbeulungen meiner Schädelform Bescheid, aber der Duschvorgang stellt mich vor ungeahnte Herausforderungen. Immerhin ist das Abtrocknen danach sehr zeitsparend. Dass mein Shampoo einen Tag nach dem Haareschneiden zu Ende ging, ist dabei vollkommen ungeplant gewesen. Aber passenderweise komme ich so in den Genuss einer neuen Erfahrung.

Bis dahin hatte ich die letzten beiden Jahre ein Naturshampoo verwendet. Günstig, simpel, umweltverträglich und in einer Verpackung aus recyceltem Plastik. Praktischerweise auch leicht in einer Tube transportierbar, sollte ich einmal für ein paar Tage wegfahren. Vermutlich aus Macht der Gewohnheit hatte ich nie etwas anderes probiert. Bis vorgestern.

So einfach war es. Im Regal des Drogeriemarktes befand sich unmittelbar neben dem bisherigen Produkt meines Vertrauens von der gleichen Marke eine Reihe kleiner Kartonschachteln. Darin in Seifenform das Bauch-Beine-Po der männlichen Körperpflege. Eine »feste Dusche« für Körper, Gesicht und (Bart-)Haar. Kostet zwar fast das Dreifache, aber ich bin zuversichtlich, dass es trotz seiner geringeren Größe auch um einiges länger hält als sein flüssiger Gegenpart. Der Einfachheit halber und um Verwechslungen vorzubeugen, werde ich sie fortan immer wieder als »Duschseife« bezeichnen.

Daheim angekommen, lese ich, dass nicht nur die All-in-one-Duschseife frei von Mineralöl ist, sondern sogar die Druckerfarbe auf der Verpackung. Ist auch nichts Alltägliches, dass sogar das Kleingedruckte positiv überrascht. Bevor ich in die Dusche steige, bin ich allerdings noch etwas skeptisch. Ein erstes Schnuppern an dem matten, gräulichen Produkt in Form eines Eishockey-Pucks soll Gewissheit verschaffen. Fizzers. Es steht zwar »Zedernholz-Duft« auf der Verpackung, aber meine Geruchsrezeptoren können von einer Ähnlichkeit mit den kleinen, bunten Traubenzuckerstücken nicht absehen. Mir läuft bei dem Gedanken sogar noch ein paar Stunden später, vor meinem Laptop sitzend, das Wasser im Mund zusammen. Nichtsdestotrotz wasche ich mich mit der Duschseife und freue mich fast schon übertrieben über die Schaumbildung. Simple Lösungen sind einfach die besten. Sogar der Zedernholzgeruch hat sich ganz leicht bemerkbar gemacht. Zum Glück. Sonst hätte ich vermutlich probiert, wie der Fizzer-Puck schmeckt.

Fazit. *Es gibt in Drogeriemärkten schon lange eigene Abteilungen mit Naturkosmetik. Hin und wieder sogar einzelne Produkte im Supermarkt. Die meisten Fabrikate sind allerdings in Kunststoff verpackt, der trotzdem für Mikroplastik sorgen kann. Vollkommen mineralölfreie Optionen machen nur einen kleinen Prozentsatz aus. Aber rein theoretisch ist es gar nicht so abwegig, synthetische Verpackungen und Duschgels zu verbieten und so auch für andere Hersteller den Anreiz zu setzen, auf nachhaltige Zero-Waste-Produkte umzusteigen.*

AUF'S MESSER KOMMT'S AN

Viele Menschen fühlen sich erst nach einer Rasur behaarter Zonen am Körper bereit, das Haus zu verlassen. Um das enthaarungstechnische Wunschergebnis zu erhalten, kommt jedoch oft mehr erdölbasiertes Material zum Einsatz, als nötig wäre, und auch damit einhergehende Hautirritationen sind meist vermeidbare Begleiterscheinungen.

Sonntagvormittag. Mein Vater reckt den Hals. Wir haben ein ausgiebiges, durchaus spät angesetztes Familienfrühstück hinter uns. Es ist einer jener seltenen Tage aus meiner Kindheit, an denen wir uns beide gleichzeitig im Badezimmer befinden. Ich putze mir die Zähne und schaue ihm beim Rasieren zu. Nachdem er sich zuvor sorgfältig mit dem Rasierpinsel reichlich Schaum aufgetragen hatte, fährt sich mein Vater nun mit seinem Rasierer über den Kehlkopf in Richtung Kinn. Oder umgekehrt, so genau weiß ich das nicht mehr. Aber das kratzige Schaben der Klingen klingt noch heute in meinen Ohren. Über zwanzig Jahre später bin ich mittlerweile selbst ein großer Fan der Nassrasur. Auch wenn meine Visage immer noch eine deutlich geringere Bartstoppeldichte aufweist als die meines Vaters.

Wie dem auch sei, fest steht jedenfalls, dass die Rasierklinge, die ich derzeit verwende, nicht nur die letzte aus der Packung sein wird, sondern auch die letzte ihrer Art. Sobald sie abgenutzt ist, ersetze ich nämlich den Nassrasierer, den ich mit siebzehn Jahren vom Österreichischen Bundesheer bei der Stellung als nicht unbedingt beeindruckendes, aber durchaus praktisches Werbegeschenk bekommen habe, durch einen Rasierhobel und degradiere ihn zum Reisewerkzeug. Auch auf den auslaufenden Rasierschaum, der zwar ein Naturprodukt ist, aber aus der recycelten Plastikdose kommt, folgen Borstenpinsel und Rasierseife. Elektrische Rasur konnte mich nie so recht überzeugen. Abgesehen davon, dass die meisten elektrischen Rasierapparate immer eine gewisse Haarlänge unberührt lassen, ist man als Benutzer ständig vom Ladezustand des Akkus abhängig. Auch die Reinigung gestaltet sich eher kompliziert. Hinzu kommt noch, dass ich mich nach einer Nassrasur schlichtweg frischer fühle. Als spärlich gesichtsbehaartes Individuum sind das im Schnitt immerhin zwei extra Dosen guter Laune pro Woche.

Das Angenehme bei der Rasur ist, dass sie sich im Vergleich zu anderen Bereichen des Lebens relativ einfach erdölfrei gestalten lässt. Trotz der Popularität von Rasierapparaten und Wegwerf-Klingen hat sich die klassische Rasur mit Einpinseln immer gehalten. Da die Bartkultur mehr oder weniger seit dem Siegeszug der Social Media zeitgleich eine Renaissance erlebt, hat sich auch die Produktpalette von Drogeriemärkten dementsprechend angepasst. Ich kann mich nicht daran erinnern, dass es vor zehn Jahren auch nur annähernd so viele Pflegeprodukte für die Gesichtsmähne des Mannes gegeben hätte wie heute. Auch die Popularität von Herrenfriseuren scheint hierzulande stark gestiegen sein. Denn der moderne Mann ist in Sachen oberflächlicher Objektifizierung der Damenwelt dicht auf den Fersen. Da ist nicht vieles peinlicher, als ein Urlaubsfoto hochzuladen, auf dem die Kante des Bartes noch weniger Schärfe aufweist als das Touristen-Curry am Buffet eines All-Inclusive-Clubs in Thailand.

Bevor Sie mir jetzt den naheliegenden Neid der besitzlosen Milchgesichter unterstellen können, kommen wir zum Rasierschaum. Knapp vierzig Prozent der deutschen Männer schwören laut der Zeitschrift *Men's Health* auf Nassrasur. Dass dabei viele Rasierschäume und -gels die Haut reizen, dürfte jeder Person bekannt sein, die schon etwas Erfahrung darin hat, sich ohne selbstverletzende Absicht die Klinge anzulegen. Schuld daran sind meist Duft-, Gleit- und Konservierungsmittel oder Tenside. Diese Produkte auf Mineralölbasis können allergische Reaktionen hervorrufen und zu einer Austrocknung der Haut maßgeblich beitragen. Auch die Verpackungen bestehen meist aus einer Mischung aus Plastik und Aluminium. In der Praxis ist eine klassische, natürliche Rasierseife jedoch eine wirklich gute Alternative. Nicht nur ist sie angenehmer für die Haut und erzeugt keine schädlichen Dämpfe, sie erzeugt auch weniger Abfälle und sogar die Kosten sind langfristig niedriger. Lediglich die einmalige Anschaffung eines Rasierpinsels kostet etwas mehr, gewinnt aber dafür eindeutig, was den Style-Faktor anbelangt.

Auch ein schleifbarer Rasierhobel ist eine ressourcenschonendere Variante als Einwegklingen. Zu guter Letzt bleibt noch das Werkzeug der Profis, das Rasiermesser. Wenn sie den Umgang damit beherrschen, dann ist das nicht nur aufgrund der Nachhaltigkeit cool.

Fazit. *Nach einem einmaligen Griff in die Tasche für einen Rasierhobel ist es recht einfach, sich ohne Erdölprodukte zumindest das Gesicht frei von Haaren zu halten. Beachtet man die laufenden Kosten herkömmlicher Rasierklingen, ist es sogar die billigere Lösung. Auch hautschonende Rasiercremes oder -seifen aus natürlichen Zutaten sind leicht erhältlich. Voraussetzung für eine erdölfreie Rasur ist halt im Normalfall die Nassrasur, da elektrisch betriebene Rasierapparate in der Regel zu großen Teilen aus Kunststoff bestehen.*

DAS AUGE ISST MIT

Wir verstecken uns hinter dem, was sie aus uns macht. Wie die Wahl der Kleidung kann auch sie uns dabei helfen, einen Effekt zu erzielen, den wir alleine nicht so hinbekommen würden. Schminke. Doch wie heißt es so schön? Schönheit hat ihren Preis.

Ich betrete das Gebäude durch den Hintereingang und öffne die Tür zum Filmstudio. Es ist ein spätherbstlicher Nachmittag und mich erwartet die Moderation einer Gesprächsrunde, die zugleich gestreamt werden soll. Die Pandemie surft gerade auf ihrer zweiten Welle und Thema ist ein Kurzfilm, der während des ersten Lockdowns gedreht wurde, indem die Filmcrew lediglich per Videocall technische Anweisungen an die Darsteller geben konnte. Das Ergebnis konnte sich dank des Durchhaltevermögens aller Beteiligten durchaus sehen lassen.

Nach dem obligatorischen Schnelltest geht es für mich vorerst in die Maske. Jener Schritt in der Vorbereitung, dem ich mit gemischten Gefühlen gegenüberstehe. Schon als Kind habe ich es geliebt, mich zu verkleiden und auf Faschingsfeiern zu gehen. Wenn es aber darum ging, geschminkt zu werden, setzte ich alles daran, dem zu entgehen. Zu sehr hat mir davor gegraust, irgendwelche Farben oder sonstige Cremen ins Gesicht geschmiert zu bekommen. Doch selbst vor der aufwändigsten Faschingsschminke schauderte mir nicht annähernd so sehr wie vor Lippenstift. Wenn die Mutter eines Freundes oder meine Großmutter sich entschlossen hatten, ihre Lippen in knalliges Pink einzufärben, so versuchte ich geradezu panisch, dem Bussi auf die Wange zu entkommen und mich aus der unheilverheißenden Umarmung zu entwinden. Schließlich wollte ich nicht wie die Gläser, aus denen die Damen tranken, den Rest des Tages von einem bunten Lippenabdruck gezeichnet sein.

Sogar über zwei Jahrzehnte später stellt sich diese Aversion zur kosmetischen Gesichtsbemalung als nicht ganz unbegründet heraus. Noch während ich in der Maske ein bisschen präsentabler gemacht werde, röten sich meine Augenlider und ich muss abgeschminkt werden, nur um mir anschließend mit einem besser verträglichen Concealer meine Augenringe abdecken zu lassen. Was diese harmlose allergische Reaktion bedingt hat, ist mir nicht bewusst. Fest steht jedoch, dass ein großer Teil von Kosmetika erdölbasierte Inhaltsstoffe aufweist. Die Seite *www. utopia.de* listet folgende Ingredienzen als häufige petrochemische Bestandteile auf, nach denen man besonders bei allergischer Vorbelastung lieber Ausschau halten sollte:

- Paraffinum Liquidum
- Isoparaffin
- (Microcrystalline) Wax
- Vaseline
- Mineral Oil
- Petrolatum
- Cera Microcristallina
- Ceresin
- Ozokerite

Abgesehen davon, dass der alltägliche Kontakt mit petrochemischen Inhaltsstoffen Allergien verursachen und es im Falle von Lippenstift zur Aufnahme in den Ernährungsapparat kommen kann, trocknet er die darunterliegenden Haut aus. Die Mineralölbasis bildet einen Film, der die Haut isoliert und deren Atmungsfähigkeit einschränkt. So kann sich die Haut nicht mehr selbst regulieren, was den Einsatz von noch mehr synthetischen Kosmetika erfordert. Das Resultat dieses kleinen Teufelskreislaufs sind Hautunreinheiten, Faltenbildung und ein größerer Schaden an der Umwelt beim

Abschminken beziehungsweise durch das Abwasser beim Waschen. Als Alternative gibt es Naturkosmetik basierend auf pflanzlichen Ölen, die besser mit der Haut interagieren. Ich frage jedenfalls mittlerweile in der Maske immer nach Kosmetik ohne Inhaltsstoffen auf Mineralölbasis, um Rötungen zu vermeiden. Nicht nur zu meinem eigenen Wohl, sondern auch in Hinblick auf das optische Endergebnis.

Fazit. *Viele erdölbasierte Kosmetikprodukte, die auf die Haut aufgetragen werden, sind nicht nur problematisch in Bezug auf Allergien und Verträglichkeit. Längerfristig schädigen einige von ihnen auch die natürlichen Fähigkeiten der Haut und lassen diese oft rasch altern. Daher: Naturkosmetik verwenden!*

ABLAUFDATUM MIT WILLKÜR

Was nutzt ein sauberer Körper, wenn die Umgebung schmutzig ist? Auch im Haushalt verwenden wir unzählige erdölbasierte Produkte, um diesen sauber zu halten. Als jemand, dem schon von Kindheit an Sparsamkeit eingetrichtert worden ist, interessiert es mich daher, wie ich einerseits meine Wohnung in Ordnung und andererseits die Abfallmenge an Putzartikeln möglichst gering halten kann.

Gelb in der Küche, orange in den Zimmern und lila für die Sanitäranlagen. Wir stehen am Gang, alle haben die gleichen Gummischlapfen an den Füßen. Das Frühstück ist bereits abgewickelt. Irgendwo ertönt eine schrille Frauenstimme, hält kurz inne und beginnt, ein Kinderlied anzustimmen. Ihr Beitrag zu einer Geräuschkulisse, deren repetitive Elemente zum Großteil auf Menschen zurückzuführen sind, welche die Kontrolle über ihr Sprachzentrum verloren haben.

Ich bin 18 Jahre alt und habe eben meinen Zivildienst in einem geriatrischen Pflegeheim angetreten. Die Stationshilfe und mein Vorgänger erklären mir die Aufgaben eines »Zivis«. Für alles gibt es Regeln, jede Tätigkeit erfolgt nach Protokoll, schließlich handelt es sich um eine Institution der Stadtgemeinde. In diesem System sind die Farben der Putzfetzen kein ästhetisches Gimmick, sondern eine Codierung dafür, welcher Lappen wofür verwendet wird.

Eigentlich bin ich ein sehr spontaner und flexibler Mensch. Aber was die Routinen des Alltags anbelangt, habe ich simple Strukturen zu schätzen gelernt. Einmal verinnerlicht, nehmen einem diese zwanghaft anmutenden Regeln mehrere kleine Entscheidungen pro Tag ab, wodurch wieder neue Hirnkapazitäten frei werden. Dennoch, ein derartiges Putzfetzensystem in einer meiner späteren Wohngemeinschaften einzuführen, ist kläglich gescheitert. Zu groß waren die Differenzen in der Präferenz von Schwamm, Bürste oder Fetzen sowie in der Frequenz der Entsorgung selbiger. Experten empfehlen, regelmäßig verwendete Spülschwämme zur Eindämmung von Keimbildung wöchentlich zu ersetzen.

Aufgrund der Tatsache, dass hierzulande die meisten Schwämme und Putzlappen aus erdölbasierten Kunststoffen bestehen, kommen dabei schon alleine in Europa ungeheure Mengen zusammen.

Wenn aber die gesamte Weltbevölkerung einen derartigen Schwammverbrauch aufweisen würde, dann würde die Menschheit jährlich über hundert Milliarden Schwämme entsorgen. Eine Menge, die selbst das Fassungsvermögen der Münchner Allianz-Arena weit übersteigt. Hinzu kommt noch, dass diese Schwämme auch beim Auswaschen permanent Mikroplastik ins Grundwasser abgeben. Was ist also der Kompromiss, den Sie eingehen können, wenn sie nicht an Hygiene einbüßen wollen?

Ein Anfang wäre auf jeden Fall eine Weiterverwendung für Bereiche, in denen etwas weniger Hygiene gefordert ist. Ich halte es so, dass ein Putzfetzen für Küche oder Zimmer ab einem bestimmten Grad der Abnutzung immer noch zum »Drecksfetzen« downgegradet wird, bevor er endgültig im Müll landet. Auch wenn Ihnen das jetzt vielleicht selbstverständlich erscheinen mag, aber nicht jeder Haushalt verwendet einen leicht abgenutzten Küchenfetzen weiter. Dabei ist er für Dinge wie verschmutzte Fahrradgestelle oder Fenstergitter geradezu prädestiniert.

Noch besser wäre es, Spülschwämme zu besorgen, die aus wieder nachwachsenden Rohstoffen bestehen. Vereinzelt findet man auch in den lokalen Drogeriemärkten kompostierbare Exemplare und muss dafür nicht einmal Internetplattformen auf die nachhaltigste Option durchforsten. Außerdem gibt es für handwerklich veranlagte Menschen die Möglichkeit, sich selbst Schwämme zu nähen. Dafür genügen alte Frotteestoffe oder Geschirrtücher, die Sie somit ebenfalls vor der Mülltonne retten und recyceln können. Weil man diese im Gegensatz zu synthetischen Schwämmen ohne schlechtes Gewissen heiß waschen kann, sind sie auch in Sachen Mikroplastik eine willkommene Alternative. Auf der Seite *www.smarticular. net* finden Sie dazu einfache, praktische Anleitungen. Das Gute daran ist, Sie müssen dafür wirklich keine besonderen Nähkünste besitzen, sofern Ihre ästhetischen Anforderungen für Putzzeug nicht allzu schwer zu erfüllen sind.

So klein sie erscheinen mögen, es sind keine einfachen Entscheidungen, die wir in der Wahl simpler Putzutensilien treffen müssen. Als ich gestern einen alten Putzschwamm entsorgte, erntete ich einen schiefen Blick von meiner Freundin. Er hatte nach über zwei Monaten im Einsatz bereits begonnen, sich aufzulösen, und in Anbetracht der Bakterienzahlen auf Schwämmen, über die ich am selben Tag gelesen hatte, fand ich, er müsse das Zeitliche segnen. Aus der Sicht meiner Freundin hingegen ist es vermutlich paradox, dass ich, der seit Wochen an diesem Buch schreibt und seither mit nahezu unausstehlicher Häufigkeit über Erdölprodukte und Nachhaltigkeit daher faselt, einen Kunststoffschwamm entsorgt. In dem

Fall ist die Frage, ab welchem Zeitpunkt ist die Hygiene so wichtig, dass das potenzielle Risiko ihres Mangels unangenehmer ist als die Entsorgung von Erdölprodukten im Restmüll. Ein Konflikt, der von Individuum zu Individuum unterschiedlich intensiv und mit anderen Grenzwerten tobt. Hinzu kommt noch, wie sehr uns der Faktor der Bequemlichkeit hineinpfuscht und uns trotz besseren Wissens ein Auge zudrücken lässt. Letztlich hängt die Zufriedenheit mit so einer Entscheidung wieder davon ab, wie gut wir mit uns selbst Kompromisse schließen können. Ich gehe das sehr pragmatisch an und werde den Restvorrat an Putzschwämmen aus recyceltem Kunststoff sparsam verbrauchen. Sobald ich das Gefühl habe, dass sie zerbröseln und Mikroplastik abgeben, kommen sie in den Müll. Denn die kürzlich erstandenen Schwämme aus kompostierbarem Material warten schon ungeduldig auf ihren Einsatz.

Fazit. *Neben der zunehmenden Häufigkeit von Bio- und Unverpackt-Läden konnte ich auch in einigen Supermärkten schon biologisch abbaubare Schwammtücher und dergleichen finden. Da manche als nachhaltig vermarkteten Schwämme jedoch auch einen Anteil von recyceltem Plastik haben, handelt es sich dabei nicht um kompostierbare Produkte.*

DAS VITAL-PAKET

Ein funktionierendes Gesundheitssystem ist in modernen Staaten ein maßgeblicher Indikator für das Wohlergehen einer Gesellschaft. Die Rolle von Produkten auf Mineralölbasis, die das ganze System in diesem Ausmaß ermöglichen, ist hierbei jedoch vorerst nicht wegzudenken.

Wie bereits an mehreren Sonntagen in diesem Jahr verlasse ich auch heute um halb acht in der Früh das Haus, um mich zu einer lokalen »Schnupfenbox« zu begeben. Dabei handelt es sich um eine kleine, von der Stadt Wien eingerichtete, medizinische Station, bestehend aus drei aneinandergereihten Containern, bei der sich die Bevölkerung auf Covid-19 testen lassen kann. Ob diese grundsätzlich äußerst praktische Installation auch nach der Pandemie zur Bestimmung von Viren in der Grippezeit bestehen wird, ist wohl eher unwahrscheinlich. Derzeit handelt es sich dabei um ein notwendiges Übel, da ich am Nachmittag vorhabe, meine Eltern zu besuchen. Darum heißt es: Maske hinunterziehen. Stäbchen ins Nasenloch. Warten. Sie kennen das Prozedere.

Ägyptischen Mumien wurde angeblich vor ihrer Einbalsamierung durch die Geruchsorgane das Hirn aus dem Schädel gezogen. So gesehen genossen die Leichenaufbereiter im Nildelta das seltene Privileg, dass sie weniger arbeiten mussten, wenn die Menschen, mit denen sie beruflich zu tun hatten, besondere Hohlköpfe waren. Ein Glück, das jene

Damen und Herren, die ein paar tausend Jahre später im Gesundheitsbereich arbeiten, nicht mit ihnen teilen können.

Während ich vor dem Container auf und ab spaziere, überlege ich, ob ein Testkit aus Holz auch machbar wäre. Auf jeden Fall. In der Priorisierung der Industrie liegt das Attribut »erdölfrei« weit hinter den Faktoren »schnell und billig«. Aber es sind nicht nur die Stäbchen, Kanülen und Teststreifen sowie deren Verpackungen aus petrochemischen Materialien. Das gleiche gilt für Schutzkleidung, Handschuhe und Masken. Der Spender mit dem Desinfektionsmittel, dessen austauschbare Flaschen und in manchen Fällen sogar das Desinfektionsmittel selbst bestehen aus erdölbasierten Stoffen. Ein Problem das sich durch den gesamten medizinischen Bereich zieht. Die meisten Krankenhaus-Gerätschaften beruhen auf Kunststoff. Sowohl langlebige Komponenten wie die Verkleidung von Röntgenapparaten als auch die vielen Einwegprodukte wie Nitrilhandschuhe, Schläuche, Infusionsbeutel, et cetera.

Kein Wunder, schließlich braucht es angesichts hoher Hygienestandards, Rund-um-die-Uhr-Betrieb und entsprechendem Materialverschleiß Oberflächen, die sich leicht reinigen lassen. Dazu kommt der Preisdruck. Deshalb dürfte es noch eine Weile dauern, bis den aktuellen medizinischen Standards entsprechend die Massenproduktion von Ausrüstung auf biologisch abbaubare Alternativen umgesattelt werden kann. Schließlich geht es auch darum, für einen möglichst großen Teil der Bevölkerung den Zugang zu medizinischer Versorgung leistbar zu gestalten. Gedanken, die mich beschäftigen, während ich, wie so oft in letzter Zeit, mit einem negativen Bescheid nach Hause spaziere.

Fazit. *Aufgrund der Eigenschaften von Kunststoffen ist die Medizin leider noch sehr abhängig von synthetisch erzeugten Einwegartikeln. In kaum einem anderen Bereich werden am laufenden Band so viele Wegwerfprodukte benötigt wie im Krankenhaus. Aufgrund der leichten Herstellbarkeit, der geringen Kosten und der Tatsache, dass Plastik leicht zu säubern ist, etablieren sich erdölfreie Alternativen nur recht langsam. Dafür ist die Medizin ein sehr innovatives Feld und die Wertigkeit der Gesundheit spricht für den Fortschritt. Erfindungen wie Nähte aus Spinnenseide geben einen Einblick auf viel Zukunftspotenzial. Für einen großen Teil der Artikel gibt es allerdings noch viel Luft nach oben.*

INTIMITÄT

Ich hatte Glück. Die Hälfte der Menschheit braucht in einem gewissen Abschnitt des Lebens regelmäßig Menstruationsprodukte. Da deren Einsatzorte anatomisch bedingt eher sensibel sind, empfiehlt es sich, in Frage kommende Materialien sorgfältig unter die Lupe zu nehmen.

Es ist nicht allzu lange her, dass meine Freundin eine besondere Anschaffung tätigte. Einen schlichten kleinen Metalltopf, den wir zwar in der Küche aufbewahren, aber nicht zur Zubereitung von Essen verwenden. Er ist der Geheimagent unter den Töpfen, deklariert für eine Spezialaufgabe, die wir keinem seiner Artgenossen zumuten.

Alle paar Wochen bekommt er dann immer wieder dieselbe Mission. Seine glorreiche Aufgabe ist, wie unschwer zu erahnen, mehrere Minuten lang Wasser am Kochen zu halten. Darin befindet sich das deutlich kleinere, durchsichtige und elastische Zielobjekt in Form einer kleinen Kuppel. Die Menstruationstasse meiner Freundin.

Hierbei handelt es sich jedoch nicht um ein besonderes Häferl, dessen Aufgabe es ist, eine Frau im paarungsfähigen Alter mit linderndem Tee in Schach zu halten. Vielmehr wird dieses Hütchen, das meist aus medizinischem Silikon besteht, über dem Muttermund eingesetzt, um dessen Angewohnheit, Blut zu spucken, einzudämmen. Dadurch erspart sich die Anwenderin nämlich eine Vielzahl an Damenhygiene-Wegwerfprodukten, die nicht nur aufgrund ihrer hohen Anzahl vermieden werden sollten.

In westlichen Konsumgesellschaften verbraucht eine Frau durchschnittlich etwas über dreihundert Menstruations-Produkte wie Binden oder Tampons pro Jahr. Über einen Zeitraum von im Mittelwert knapp vierzig Jahren sind das ungefähr hundertfünfzig Kilo an Menstruationsprodukten. Diese wiederum bestehen unter anderem aus Kunststoffen wie »Low Density Polyethylen« und weisen meist Chemikalien auf, die als »endokrine Disruptoren« (ED) bezeichnet werden. Das bedeutet, sie haben eine ähnliche Wirkung wie Hormone. Dass nicht nur Frauen, sondern auch Männer von ED betroffen sind, belegen zahlreiche Studien, die ein verstärktes Auftreten von Impotenz mit Zusatzstoffen in synthetischen Produkten in Verbindung bringen.

Weil die Körper von Frauen allgemein einen höheren Fettanteil haben als die von Männern, reichern sich diese allerdings noch leichter mit fettlöslichen Weichmachern wie Phthalaten an. Dadurch, dass sie diesen oft durch direkten Kontakt über die Schleimhäute tagein, tagaus exponiert sind, hat dies massive Folgen auf den Hormonhaushalt. In sensiblen zyklischen Phasen sowie während einer Schwangerschaft oder beim Stillen wirken diese Einflüsse besonders stark. Es ist kaum vorstellbar, welchen Einfluss diese hormonartigen Störfaktoren auf die Entwicklung von Embryonen haben. Infolgedessen kommen Babys bereits mit Schadstoffen belastet zur Welt. Dies kann einerseits in Fehlbildungen resultieren, sich aber auch in Form von psychischen Störungen manifestieren. Abgesehen davon, dass Damenhygieneartikel für viele Frauen finanziell ins Gewicht fallen, tragen sie auch noch ein ungeheuer schädliches Potenzial in sich, das eine Gefahr für Mutter und Nachwuchs darstellt. Um dieses Risiko minimal zu halten, ist es daher unbedingt notwendig, einerseits einen möglichst kostengünstigen Zugang zu Menstruations-Artikeln zu ermöglichen und andererseits sämtliche Einweg-Produkte am Markt so rasch wie möglich durch natürliche Optionen zu ersetzen.

Fazit. *Biologisch abbaubare Einwegprodukte sind in den meisten Drogeriemärkten noch eher eine Rarität, auch die Rezensionen von online erhältlichen Alternativen klingen oft nicht sehr überzeugend. Dafür gibt es Marken, die waschbare Bio-Produkte aus Baumwolle anbieten. Mit Sicherheit eine Umstellung, die etwas Überwindung kostet, aber unter Anbetracht des Risikos auf jeden Fall einen Versuch wert. Schließlich sollte nicht nur die Anwenderin, sondern auch der potenzielle Nachwuchs ein Recht darauf haben, vom Einfluss hormonähnlicher Wirkstoffe verschont zu bleiben.*

KINDERPORTIONEN

Die Digitalisierung der Welt ist zwar längst auch schon in die Kinderzimmer vorgedrungen, dennoch verteidigt dort haptisches Spielzeug aus Plastik eifrig seine Pole Position. Doch was soll damit passieren, wenn es einmal ausgedient hat?

Als Kind spielte ich des Öfteren mit einer Holzeisenbahn und Bauklötzen. Diese waren noch Relikte aus einer anderen Zeit. Schon meine Eltern hatten im Krabbelalter damit ihre Zeit verbracht. Spätestens ab dem Kindergarten begann dann für mich das Zeitalter des Plastiks. Nachdem Duplo und Playmobil nur für sehr kurze Zeit interessant gewesen waren, verbrachte ich die nächsten zehn Jahre meines Lebens täglich am Boden sitzend. Vor mir Legokisten, in denen ich unaufhörlich auf der Suche nach den passenden Steinen herumwühlte. Ein periodischer Prozess aus Zerlegen und Wieder-Anders-Zusammenbauen. Dieses vielseitige Plastikspielzeug bestimmte meinen Alltag und es passierte nicht selten, dass ich einzelne Teile davon in den Mund nahm. Besonders dann, als ich noch sehr jung war und nicht genug Kraft in den Fingern hatte, um bestimmte Arbeitsschritte auszuführen, musste immer wieder die Kiefermuskulatur aushelfen. Der Kontakt mit meinem Mund war scheinbar halb so wild, denn angeblich besteht Lego aus einem besonders hochwertigen Kunststoff, der auch keine schädlichen Weichmacher abgibt. Dass dennoch durch das wiederholte Aneinanderreiben der Einzelteile beim Suchen, Zusammensetzen und Zerlegen Abrieb entsteht, ist unbestreitbar. Auch was die Entsorgung anbelangt, müsste ich mir die Frage stellen, ob Lego in den Rest- oder Plastikmüll gehört. Die Lösung dafür ist einfach: Lego behält man für ewig oder schenkt es weiter an jemanden, der sich darüber freut. Aber Spaß beiseite, abgesehen von unzähligen Möglichkeiten zur Weitergabe an die Sammlercommunity gibt es auch mehrere Optionen, alte Steine einzuschicken und diese recyceln zu lassen.

Was passiert, wenn hin und wieder dann doch Legosteine in der Natur landen, zeigt der Unfall eines Containerschiffs vor der Küste Englands im Jahre 1997. Damals gingen mehrere Millionen Steine verloren, die bis heute zu tausenden angeschwemmt werden. Welch tragische Ironie, wenn infolgedessen ein Meeresbewohner an einem kleinen Haifisch aus Plastik erstickt, den er, im Glauben, es handle sich dabei um Beute, gemeinsam mit ein paar Algen verschluckt hat.

Mittlerweile hat sich die dänische Herstellerfirma zum Ziel gesetzt, bis 2030 ihre Bausteine gänzlich aus nachwachsenden Rohstoffen herzustellen. Allzu einfach ist das nicht, schließlich sollen sie die gleichen positiven Eigenschaften behalten wie bisher, ohne nach ein paar Jahren in der Spielzeugkiste zu kompostieren. Aber es gibt Hoffnung. Kleineren Herstellern mit einem ähnlichen Spielprinzip ist es bereits gelungen, haltbare Spielsteine aus biologischen Rohstoffen wie Mais oder Holzfasern herzustellen. Sollte ich in Zukunft einmal Kinder haben, hat Lego bis dahin hoffentlich gleichgezogen.

Aber auch abgesehen von Bausteinen ist der Spielzeugmarkt geradezu durchzogen von Plastikprodukten. Ein Blick in die Spielwarenabteilung eines Kaufhauses genügt. Egal ob Actionfiguren, Puppen, Plüschtiere oder die Figuren in Brettspielen. Der Großteil besteht aus erdölbasierten Materialien. In vielen Fällen auch in Kombination mit anderen Materialien, was das Recycling noch schwieriger macht. Auch Faktoren wie die Langlebigkeit des Materials oder die Dauer jenes Zeitraums, in dem überhaupt Interesse an dem Spielzeug besteht, sind hierbei relevant. Manche Spielzeuge sind nur ein paar Tage im Einsatz, bevor sie unbeachtet in einer Ecke liegen.

Kindheitsfreunde von mir besaßen beispielsweise einen Rasenmäher, der zur Gänze aus Plastik bestand. Rasenmähen konnten sie damit zwar nicht, aber dafür machte er ungeheuerlich Krach und sie konnten die Elterngeneration damit ziemlich konsequent auf die Palme bringen. Für kleine Knirpse im einstelligen Altersbereich ist diese Art von Macht eindeutig ein Qualitätskriterium. Es dauerte dennoch nicht lange, bis die Anfangseuphorie darüber verflogen war und besagtes Krawallgerät bis Wintereinbruch im elterlichen Garten herumkugelte.

Als ich im Laufe der letzten Jahre mein Kinderspielzeug ausgemistet habe, fiel mir eine Sache auf. Der absolute Großteil der Spielsachen, die mich schon als Kind nie wirklich interessiert hatten, waren jene, deren Benutzung wenig Kreativität erforderte. Der absolute Großteil davon wiederum bestand aus Kunststoff. Ich hatte sie von Freunden oder Verwandten in netter Absicht geschenkt bekommen. Vermutlich wussten sie nicht, was mir gefiel, oder verschenkten das, was sie sich selbst als Kind gewünscht hätten. Vielleicht schenkten sie auch einfach etwas weiter, was sie loswerden wollten. Erst vor ein paar Tagen entsorgte ich ein paar winzige Spielfiguren aus Plastik, die nicht nur keine Funktion aufwiesen, sondern auch mit nichts, was ich je besessen habe, kombinierbar waren. Lediglich mit Staub. Es heißt zwar, dass man einem geschenkten Gaul nicht ins Maul schauen soll, aber in dem Fall sollte man den Gaul vermutlich gar nicht erst schenken. Wenn ich heute ein Kind zu beschenken habe und nicht weiß, was es sich explizit wünscht, aber auch nicht mit leeren Händen dastehen mag, dann verpacke ich lieber ein Stück

Obst oder einen Zeichenblock. Das ist besser für die Gesundheit des Kindes und entlastet die weißen Wände in der Wohnung der Eltern. Wenn es nämlich in der Zukunft dann ans Ausmisten geht, ist die Abwesenheit von »Plastik-Klumpert« das wertvollste Geschenk überhaupt. Nämlich Zeit.

Ein paar Wochen später bin ich wieder bei meinen Eltern und krame in alten Habseligkeiten aus der Kindheit. Diesmal jedoch nicht, um sie zu entsorgen, sondern um etwas ganz Bestimmtes zu finden. Für Autoren- und Pressefotos zu diesem Buch suche ich nach einem Dinosaurier aus Lego. Genauer gesagt nach einem Tyrannosaurus Rex. Er war damals beim Lego-Kamera-Set dabei gewesen und während die coolen Kids Skateboard fuhren oder ihre ersten Zigaretten rauchten, drehte ich Lego-Filme mit Einzelbildfunktion. Einer davon enthielt sogar eine ziemlich grafische Erotik-Szene.

Während ich noch in Erinnerungen schwelgend eine Kiste durchkrame, entdecke ich im Inneren von der daneben zufällig einen kleinen Trizeratops. Da kann der T-Rex nicht mehr weit sein. Kaum eine Minute später halte ich ihn auch schon in meinen Händen. Eine zweibeinige Echse aus grünem Plastik. Die Ärmchen sind dieselben Einzelteile wie beim Lego-Drachen. Ich führe das Erdölprodukt zu meiner Nase und nehme einen tiefen Atemzug. Plastik. Die materielle Grundlage seiner Existenz war, als sie vor Jahrmillionen noch lebte, womöglich Zeitgenosse jenes Tieres, das sie heute in Miniaturform darstellt.

Ich schnuppere noch einmal daran. Der Eigengeruch von Lego war der ständige Begleiter meiner Kindheit. Jetzt hege ich Zweifel daran, ob es das wert war, diese Boxen über all die Jahre hinweg aufzuheben. Denn bei meinem aktuellen Bewusstsein bin ich mir nicht allzu sicher, ob ich in Zukunft meinen potenziellen Nachwuchs diesem Duft aussetzen möchte. Eher noch wird es darauf hinauslaufen, dass ich irgendwann selbst wieder anfange, Lego zu spielen, bevor ich letztendlich alles verschenke. Den T-Rex nehme ich erst einmal mit. Falls wir keine andere Alternative finden, schafft er es ja vielleicht sogar auf ein Foto im Innencover dieses Buches.

Fazit. *Die plastikfreie Alternative von Kinderspielzeug hält sich in vielen Bereichen in Grenzen. Unter Berücksichtigung der Tatsache, dass ein großer Teil davon vielleicht nicht einmal eine Stunde zum Einsatz kommt, ist es umso angebrachter, dass wir etwas anderes verschenken. Besonders dann, wenn wir uns über die spielerischen Präferenzen des Kindes ohnehin im Unklaren sind.*

MIT ESSEN SPIELT MAN NICHT

Da wir uns im einundzwanzigsten Jahrhundert befinden, ist es nur eine Frage der Zeit, bis der Konsum von Kunststoff als Leichenschändung von Dinosauriern gebrandmarkt wird. Wenn in Zukunft Leser dieses Buches sehen, wie ich beim Supermarkt ums Eck irgendetwas einkaufe, das in Plastik verpackt ist, muss ich vermutlich damit rechnen, in deren Social Media-Uploads zu landen. Einem schäumenden Internet-Mob ausgesetzt, der seine Kommentare ausschließlich mit CAPSLOCK verfasst und dem Hashtag #dinokiller das Prädikat »Trending« verleiht. Im Worst-Case-Szenario befindet sich bei meinem Einkauf dann auch noch ein Überraschungs-Ei, in dessen Innerem sich eine Plastikkapsel befindet, in der wiederum die Einzelteile eines kleinen Dinos aus recyceltem Kunststoff durcheinanderkugeln. Eines der wenigen Produkte, die selbst innerhalb der essbaren Komponente noch Müll transportieren.

BIRNEN IN ALLEN FORMEN

Lichtquellen sind heutzutage essenziell in jedem Haushalt. Während bis vor einigen Jahren noch Glühbirnen den Markt dominierten, sind es heute LEDs. Da diese kostentechnisch meist nicht sehr ins Gewicht fallen, ist uns passiv gar nicht bewusst, wie viel Energie und versteckte Ressourcen wir uns durch deren Vorzüge sparen.

Wann sind Sie zum letzten Mal umgezogen? Ich schließe nicht aus, dass bei einigen von Ihnen, die zwischen zwanzig und dreißig Jahre alt sind und die sich in einem größeren urbanen Raum befinden, der letzte Umzug maximal zwei Jahre her ist. In meinem Fall sind es sogar noch keine drei Monate, die ich in meiner derzeitigen Wohngemeinschaft verweile. Nach dem Umzug war einer der ersten Punkte auf meiner Agenda, mich um eine anständige Beleuchtung zu kümmern. Der Vormieter hatte mir eine Lampe mit ohnehin schon miserabler Lichtausbeute hinterlassen, in welche dann auch noch drei schummrige Energiesparlampen, die ein pfirsichfarbenes Licht warfen, eingeschraubt waren. Deren stolze Leistung betrug hundertfünfzig Lumen. Vorausgesetzt, man wartete ab, dass sie diesen traurigen Zenit ihrer Leuchtkraft erreichten, was gefühlt länger dauerte als ein Monumentalfilm der Goldenen Ära Hollywoods. Unmittelbar nach dem Einschalten hatte man den Eindruck, der Raum würde sogar fast noch ein wenig dunkler, ganz unabhängig ob bei Tag oder bei Nacht. Zum Vergleich: Eine klassische Glühbirne mit sechzig Watt wirft fast das Fünffache an Lumen ab.

Da sich aufgrund der vorherrschenden Lockdown-Situation keine realistische Alternative dazu anbot, im Home Office zu arbeiten, musste ich also die notwendigen Voraussetzungen selbst schaffen. Denn wenn eine Sache für die ultimativ produktive Tätigkeit als Schreiberling nicht fehlen darf, dann sind das ausreichende Lichtverhältnisse.

Was wählt man da am besten? Auch wenn es in so manch obskuren Ein-Euro-Shops immer noch die mittlerweile illegalen Glühbirnen zu erstehen gibt, kommen eigentlich nur LED-Lampen in Frage. (Deren herkömmliche Vertreter man nicht nur aufgrund ihrer Form oder aus Nostalgiegründen eigentlich LED-Birnen nennen sollte. Eine Lampe ist ja schließlich schon der Apparat, an dem man sie montiert.)

Aber wie verhalten sich Glühbirne, Energiesparlampe und LED energietechnisch und welche braucht eigentlich das wenigste Erdöl? Damit wir guten Gewissens die richtige Entscheidung treffen können, hier ein paar Hard Facts zu den drei Optionen:

1. Glühbirne: 40W - 400 Lumen - Lebensdauer ca. 1000 Stunden - Kosten ca. 70 Cent
2. Energiesparlampe: 8W - 400 Lumen - Lebensdauer ca. 15 000 Stunden -Kosten ca. 2-3 Euro
3. LED: 5W - 440 Lumen - Lebensdauer ca. 30 000 Stunden - Kosten ca. 4-15 Euro

Auch wenn sich anhand dieser Daten spannende Fragen ergeben wie: Musste man, um die Lebensdauer einer LED herauszufinden, diese zuerst dreieinhalb Jahre durchbrennen lassen? Ist das nicht fast so lange, wie der Erste Weltkrieg gedauert hat? Wer ist heutzutage noch so lange beim selben Arbeitgeber angestellt, um diesen Test von Anfang bis Ende mitzuverfolgen?

Aber bleiben wir bei der Überlegung, ob LED-Leuchten ein Fortschritt sind. Für viele Leute ist es bis heute noch nur unter wehmütigen Erinnerungen an die Glühbirne möglich, LEDs anzuschaffen, da eine besonders helle Ausführung doch bis zu fünfzehn Euro kosten kann.

Zweifel, die man mit einer kurzen mathematischen Rechnung recht rasch ausräumen kann. Eine LED verursacht bei gleicher Leuchtkraft im Schnitt ein Achtel der Stromkosten und hält in etwa dreißig Mal so lange, ist also 240 Mal so effizient wie eine Glühbirne. Oder in anderen Worten: Selbst, wenn man eine LED, die zehnmal so viel gekostet hat wie eine Glühbirne mit gleicher Lichtausbeute, doppelt so lange brennen lässt, so kommt man langfristig immer noch mit einem Zwölftel der Kosten davon.

Abgesehen davon, dass Glühbirnen eine schlechte Energieeffizienz aufweisen sowie aufgrund ihrer hohen Brenntemperatur Infrarotstrahlung absondern und deswegen EU-weit verboten sind, gibt es noch einen beim Kauf oft übersehenen Faktor, der für LEDs spricht. Langlebigkeit. Weil Glühbirnen im Unterschied zu ihren botanischen Wort-Verwandten leider nicht auf Bäumen wachsen, spielt der Transport eine entscheidende Rolle in dieser Gleichung. Je kürzer die Lebensdauer, desto öfter muss ich zum Baumarkt fahren, um neue zu besorgen, und desto öfter muss der Baumarkt neue bestellen, die wiederum dorthin gebracht werden etc. Wenn früher der Baumarkt einmal alle zwei Wochen von einem Lastwagen voller Glühbirnen beliefert wurde, dann reicht im Anbetracht der dreißigfachen Lebensdauer der LEDs eine einzige Lieferung pro Jahr vollkommen aus. Man verbraucht also schon allein dadurch viel weniger Erdöl, dass für den Kauf von LEDs nur ein Bruchteil der Kilometer zurückgelegt werden muss. Der einzige Vorteil der Glühbirne gegenüber ihren energietechnisch sparsameren Vertretern liegt, was Plastik anbelangt, in der Fassung: Bei LEDs und Energiesparlampen ist in der Fassung etwas mehr Kunststoff verbaut.

Bei einer Energiesparlampe, deren Gesamtkosten aufgrund des niedrigeren Anschaffungspreises zwar mit den Gesamtkosten einer LED vergleichbar sind, kommt allerdings der Erdöl-Faktor noch einmal bei der Entsorgung zu tragen. Im Gegensatz zu LEDs können sie nämlich nicht im Hausmüll entsorgt werden, sondern bedürfen aufgrund des darin enthaltenen Quecksilbers einer mülltechnischen Sonderbehandlung. Darüber hinaus ist das Licht, das die meisten Vertreter ihrer Art werfen, wirklich unbehaglich, wie es die »Zwa Voitrottln« anno 2011 schon anschaulich besungen haben.

Fazit. *Ich habe mich für einige LEDs mit 7,5 Watt und einer Leuchtkraft von 800 Lumen entschieden. Das Geldbörsel freut sich über ein effizientes Investment, mein Gewissen über den deutlich reduzierten Erdölverbrauch und ich mich darüber, seltener für Nachschub sorgen zu müssen. Im Falle eines weiteren Umzuges lohnt es sich dann allerdings schon, die eigenen LED-Birnen wieder auszuschrauben und mitzunehmen.*

DIE ETWAS ANDERE DIÄT

Zum Thema Licht noch eine kleine Dosis Absurdität: Es wäre interessant, herauszufinden, welche Lichtformen bei Anhängern des Breatharianismus am beliebtesten sind. Diese esoterische Strömung schwört nämlich darauf, von »Lichtnahrung« leben zu können. Ob ihre Verfechter die Energieeffizienz von LED-Leuchten wertschätzen oder lieber nostalgisch in einem Planschbecken voll mit Schnaps aus Glühbirnen baden? Zugegeben: Der geringe Erdölverbrauch verleiht dieser Diät schon einen gewissen Reiz.

Jedenfalls ist von dieser Form der Ernährung abzuraten, denn sämtliche Versuche, sie länger als wenige Tage erfolgreich vorzuführen, sind bis dato kläglich an den Gesetzen der Natur gescheitert.

ABWASCH

Unter der Brause sind wir oft von Duschkopf bis zum Vorhang von erdölbasierten Kunststoffartikeln umgeben. Zumindest bei letzterem stehen uns jedoch mit etwas Fantasie kreative Lösungen zur Verfügung.

Sind Sie ein Morgenmensch? Bei mir sind Schlafens- und Aufstehzeit grundsätzlich sehr flexible Variablen, auch wenn ich nur äußerst selten länger als bis zehn Uhr schlafe. Denn meine Konzentrationsfähigkeit nimmt vom späten

Vormittag bis zum frühen Nachmittag nicht unbedingt zu. Was mir aber auf jeden Fall immer hilft, um aus der morgendlichen Roboterstarre zu kommen, ist Bewegung, gefolgt von einer eiskalten Dusche. So auch heute, einem sehr frühlingshaften Samstag. Nachdem ich gestern Abend in Ermangelung sozialer Live-Kontakte bis nach Mitternacht mit Freunden online herumgeblödelt hatte, war das klirrende Nass heute besonders notwendig. Schließlich schadet es nicht, unter den Lebenden zu weilen, wenn man ein paar Zeilen verfasst.

Während ich also nach gemütlichen vier Kilometern in der von Pollen geschwängerten Aprilluft mit leicht verquollenen Augen die Höhe des Duschkopfs verstelle, ertönt ein knackendes Geräusch und ich halte die Verstellschraube der Duschkopfhalterung mitsamt Fassung in der Hand. Auf einen kurzen Moment der Verwirrung folgt die Einsicht. Verschwitzt, verschlafen und splitterfasernackt bin ich nun mit der Aufgabe konfrontiert, die Duschkopfhalterung austauschen zu müssen. Sie können sich meine Freude in diesem Moment kaum größer vorstellen. First World Problem par excellence.

Nach einer kurzen Inspektion der Bruchstelle stelle ich fest, dass die Halterung inklusive Schraubvorrichtung aus spröde gewordenem Plastik besteht. Die Kalkschicht, die sich darin abgesetzt hatte, war der Festigkeit sicher nicht zuträglich gewesen. Abgesehen davon, dass ich Schrauben aus Kunststoff erfahrungsgemäß für ein generelles Fehlkonzept halte. Aber auch der Duschkopf sowie die gesamte restliche Armatur, mit Ausnahme des Schlauches, bestehen aus Plastik. Getäuscht von ihrem gefinkelten Design, bestehend aus glänzender Metallic-Optik, war mir das bisher nie aufgefallen. Erst ein Klopfen mit dem Knöchel meines Mittelfingers verschafft mir diese Erkenntnis.

Es ist noch nicht allzu lange her, dass ich Shampoos und Hygieneprodukten in Plastikverpackungen entsagt habe. Aber sogar, wenn wir von all den Kosmetika und Pflegeprodukten absehen, finden wir im Badezimmer noch jede Menge Inventar auf Erdölbasis. Selbst dort, wo wir sie am wenigsten vermuten.

Nachdem ich den pseudo-metallischen Duschkopf provisorisch in die hinabgerutschte Rest-Halterung gehängt habe, fällt mein Blick auf den Duschvorhang. Dass auch dieser auf Erdölbasis hergestellt ist, lässt sich nicht abstreiten. Wie sonst kann dieser nebelweiße Schleier im nassen Zustand zugleich leicht und wasserabweisend sein?

Eine Frage, die mich auch noch während des Abtrocknens beschäftigt, als mein Blick über den Haar-Fön meiner Freundin wandert. Dessen Verschalung besteht natürlich ebenfalls aus Kunststoff. Aber zurück zum Duschvorhang. Eigentlich gibt es ganz gute Alternativen, sich selbst einen zu basteln. Die simpelste Lösung hierbei ist ein schlichtes, einigermaßen dichtes Baumwoll-Leintuch auf ein paar Wäscheklammern aufzuhängen. Weil dieses vielleicht doch etwas langsamer trocknet als sein Polyester-Gegenpart, gibt es auch die Möglichkeit, Segeltuch zu verwenden. Dieses ist zwar heutzutage meist aus Nylon, sprich eine potenzielle Quelle von Mikroplastik, dafür ist es einerseits gut zu reinigen und andererseits können so alte Segel zumindest upgecycelt werden.

Die beste erdölfreie Alternative, die ich bei einer kurzen Online-Recherche gefunden habe, sind Vorhänge, bestehend aus Baumwolle, die mit Bienenwachs imprägniert wurden. Diese nachhaltige Variante fällt allerdings nicht mehr in die Kategorie »Do it yourself (DIY)« und kostet dementsprechend ein Vielfaches. Dabei handelt es sich auf jeden Fall um eine leistungsfähigere Lösung als ein simples Baumwoll-Leintuch. Nach einem kurzen Probelauf musste ich bei letzterem feststellen, dass es besonders bei einem etwas kräftigeren Wasserstrahl nicht ganz dicht war und einen kleinen Sprühregen von sich gab. Ein Nebeneffekt, der vielleicht nicht in jedes Badezimmer passt.

Fazit. *In Sachen Duschvorhang lassen, wie so oft, die günstigen Lösungen zumindest entweder in ihrer Leistung oder beim verwendeten Material zu wünschen übrig. Aber natürlich sind der eigenen Fähigkeit, zu basteln, keine Grenzen gesetzt und provisorische Lösungen lassen sich mit leicht erhältlichen Haushaltsartikeln ganz gut herstellen.*

KABELSALAT

*Ob im Büro, im Haushalt, bei der Gartenarbeit oder bei einem
Abend mit den Großeltern im Theater, Elektrizität hat unzählige Einsatzorte. Um sie dahin zu leiten, benötigen wir Kabel,
welche wiederum, um überhaupt verwendbar zu sein, isoliert
sein müssen.*

Gehetzt verlasse ich das Haus. Da es die Uhr im Wohnzim-
mer innerhalb weniger Wochen fertiggebracht hat, einen
Zeitrückstand von fünf Minuten aufzubauen, stehe ich unter Druck. Mit vollem Rucksack und einem geschulterten
Sack Winterkleidung trabe ich in Richtung Bahnhof, wo ich
gerade noch in letzter Minute die Schnellbahn erwische.
Mir bleibt kurz Zeit zu verschnaufen, bevor ich bei meinen
Eltern ankomme, denn mein Vater wird langsam ungeduldig in Anbetracht der Tatsache, dass sein sonst so pflicht-
bewusster Sohnemann die Hecke noch nicht geschnitten
hat. Außerdem soll es ja bald regnen und danach nisten
womöglich schon die ersten Vögel drin, also rasch! Je weniger die Schere bei fortgeschrittenem Alter an der Überwu-
cherung des männlichen Hauptes zu kürzen vermag, desto
wichtiger ist ihr zeitgerechtes Beitragen zu einer stirnför-
migen Rundung der Kanten einer Ligusterhecke. Zweimal
pro Jahr ist es daher meine Aufgabe, mich dieser Problematik anzunehmen, seit mich pubertäre Wachstumsschü-
be zum Wesen mit der größten Reichweite in der Familie
gemacht haben. Da die Sträucher aber selbst trotz des Zu-

sammenstutzens immer wieder weiterwachsen, muss ich mich zugegebenermaßen auch immer weiter strecken.

Als ich die Türe zum elterlichen Garten betrete, ist das Werkzeug bereits vorbereitet. Kabeltrommel, Heckenschere und Handschuhe warten bereits auf ihren Einsatz. Hungrig darauf, den bereits Beeren tragenden Büschen einen adretten Schnitt zu verpassen. Mein Vater begrüßt mich mit zusammengerollten Verlängerungskabeln in der Hand. Eines davon ist sogar noch aus dem Werkzeugfundus seines Vaters.

Unweigerlich muss ich an einen Artikel denken, den ich vor ein paar Wochen gelesen habe. Demzufolge besteht die Ummantelung von Kabeln aus Weichkunststoffen. Dabei handelt es sich meist um Polyvinylchlorid (PVC), das mit Weichmachern, sogenannten Phthalaten, angereichert worden ist. In Westeuropa entfällt etwa ein Viertel des gesamten Verbrauchs von Weichmachern für PVC auf die Herstellung von Kabeln, was diese vor Folien und Bodenbelägen zum größten Anwendungsgebiet macht. Dabei müssen sie besonders im Außenbereich einerseits den Witterungen trotzen, während sie trotzdem ihre Kerneigenschaften Isolation und Elastizität behalten sollen, ohne dabei durch Überhitzung Schadstoffe abzugeben. Ob dies immer zu hundert Prozent funktioniert, ist eine andere Frage. Sehr wohl können durch Kabel laufend Schadstoffe abgegeben werden. Allerdings gibt es derzeit, was die Hülle von Plastik angeht, keine wirkliche Alternative am Markt. Die einzige Neuerung, die hierbei zumindest im letzten Jahrzehnt etwas häufiger zum Einsatz kommt, ist verflochtenes, langlebiges Nylon. Ebenfalls auf Erdölbasis und im Haushalt äußerst selten im Einsatz.

Fazit. *Kabel sind eines der wichtigsten Einsatzgebiete von Kunststoffen. Da in einer modernen Gesellschaft so gut nichts ohne elektrische Energie zu laufen scheint und auch naturfreundliche Energiequellen auf gut isolierte, elastische Transportmittel angewiesen sind, werden sie uns noch einige Zeit in dieser Form erhalten bleiben. Im Anbetracht ihrer Allgegenwart wäre es jedoch sehr wünschenswert, dass weniger bedenkliche Umhüllungen den Markt dominieren.*

WIEDERVERWERTUNG

Unser Wohnbereich weist oft unzählige unscheinbare Gegenstände auf, an die wir normalerweise keine Gedanken verschwenden. Wenn sie dann aber doch einmal defekt sind, kommen wir ohne sie nicht aus. Auch wenn es manchmal etwas unorthodox erscheinen mag, aber Gebrauchtwaren sind in vielen Fällen eine veritable Option für den Engpass, die sogar das Müllaufkommen verringert.

Second-Hand-Geschäfte sind ein hervorragendes Mittel im Kampf gegen die stets fortschreitende Wegwerfgesellschaft. Ihre Zielkundschaft ist jedoch noch ausbaufähig. Nichtsdestotrotz kommt es mir so vor, als würde das steigende Umweltbewusstsein in der Bevölkerung auch zu einem Anstieg der Beliebtheit solcher Läden führen. Besonders im Internet blüht der Gebrauchtwarenhandel mehr denn je, schließlich ist auf Plattformen wie *www. willhaben.at* von Sammelkarten bis hin zu Designermöbeln alles erhältlich, was das Herz begehrt. Während die einen das loswerden, was sie nicht mehr brauchen, zahlen ihnen die anderen dafür sogar noch Geld und freuen sich über das ergatterte Schnäppchen. Paradebeispiel einer Win-Win-Situation.

Wenn man eine Sache nicht über Willhaben besorgen sollte, dann vermutlich eine Klobürste. Wobei, warum eigentlich nicht? Meine Neugier ist geweckt. Ich lasse keine Zeit verstreichen und öffne sofort das besagte Portal. Klobesen in den unterschiedlichsten Ausfertigungen werden dort verscherbelt. Keramik, Edelstahl, mit Silikonborsten, Halterung in Katzenform. Alles ist vorhanden. Die teuerste zum Preis von dreißig Euro ist interessanterweise die Einzige, die öfter als nur ein-, zweimal verwendet wurde. Ihre Anzeige ist auch die älteste. Ich überlege kurz, ob ich der Verkäuferin vorschlagen soll, es lieber auf irgendeiner Fetischseite zu probieren, belasse es dann aber.

Ansonsten eigentlich sehr saubere, großteils ungebrauchte Bürsten. Es herrscht eindeutig ein höherer Hygienestandard als bei den Vintage-Sofas. Logisch eigentlich. Wer vorsorglich zu viele Schrubber fürs stille Örtchen auf Vorrat besorgt, kann nur sauber und ordentlich sein.

»Vollkommen neuwertig. Ich bin umgezogen und hier wird sie nicht gebraucht«, lautet eine Anzeige. »Nichtraucher-Haushalt. Unbenützt« eine andere. »Wurde nie verwendet! Ist aus Glas, sehr hochwertig. Da es sich um einen Privatverkauf handelt, keine Rückgabe«, beschreibt die luxuriöseste Variante. Preis: Fünfzehn Euro. Die Mehrheit liegt deutlich darunter. Kaum jemand ist so tollkühn, damit auch noch Gewinn machen zu wollen, geschweige denn im gebrauchten Zustand. Ich scrolle weiter und zögere.

»Wir sollten als nächstes eine nachhaltige Klobürste besorgen!«, hatte ich zu meiner Freundin gesagt, als sie gerade ihrer Lieblingstätigkeit nachging und die Wohnung optimierte. Sie hatte zugestimmt. Somit lag es nun an mir, zu recherchieren.

Eine erdölfreie Alternative ist jene mit Metallgriff und Silikonborsten. Zwar handelt es sich bei Silikon um einen Kunststoff, dieser ist jedoch nicht giftig und hält besonders lange. Auch die Reinigung sollte recht einfach sein. Durchaus ansprechend.

Es gibt auch Klobürsten aus Holz. Das Problem an denen ist, dass man sie auf jeden Fall in eine offene Halterung hängen muss, weil sie sonst zu leicht schimmeln. Aber selbst dann hat man noch keine Garantie, dass sie pilzfrei bleiben. Ich schätze, regelmäßiges Lüften verzögert diesen Prozess.

Mit sechs Euro ist die günstigste Holzbürste, die ich finden kann, zwar immer noch um ein Vielfaches teurer als ihr Gegenstück aus Plastik, aber auf jeden Fall leistbar. Dennoch stimmt mich der Preisunterschied bedenklich.

Wenn ich um weniger als einen Euro etwas haben kann, das nicht schimmelt, ist es kein Wunder, dass so viele Erdölprodukte im Umlauf sind. Abgesehen von ihren praktischen Eigenschaften sind sie einfach so dermaßen billig, dass der Schaden, den sie langfristig anrichten, für die meisten Konsumenten keine Rolle spielt.

Umso cooler ist bei den meisten Holzbürsten, dass sie biologisch komplett abbaubar sind. Das heißt jetzt nicht unbedingt, dass Sie diese nach ausgiebigem Gebrauch auf denselben Komposthaufen schmeißen sollten, von dem Sie nachher auch Ihr Gemüsebeet düngen. Bei der Entsorgung im eigenen Garten ist vielleicht die beste Option, sie zu vergraben. Ob das Schimmelrisiko bei besonders hochwertigen Holzbürsten sinkt?

Meine Suche bringt mich auf verschiedene Öko-Shops, die besonders qualitatives Haushaltszubehör aus natürlichem Material anbieten. Vergriffen ist eine schwedische Designer-Klobürste aus Birkenholz um knappe sechzig Euro, die mit »Schlichtheit, zurückgenommener Eleganz und Modernität« beworben wird. Für ihre vollständige Beschreibung ist zweifelsohne ein mehrköpfiges Team aus Literaturnobelpreisträgern verantwortlich.

Die moralische Krönung sind »vegane« Klobürsten. Wurscht, ob man Fleisch gegessen hat oder nicht, eine vegane Bürste beseitigt sämtliche Reste der eigenen Wurst.

»Schlimmer als Plastik zu benutzen ist es, noch nutzbare Plastik-Gegenstände wegzuwerfen«, schreibt die deutsche Nachhaltigkeits-Bloggerin Kerstin Mayer.

Weil unsere von ehemaligen Mitbewohnern übernommene Plastikbürste ihren Zweck noch erfüllt, darf daher die Entscheidung über ihre Nachfolge vorerst ein wenig warten. Ob dann eine langlebige Kombination aus Metall und Silikon folgt oder doch ein kompostierbares Exemplar aus Holz, wird wohl eine Impulsentscheidung.

Fazit. *Bevor Sie eine Neuanschaffung im Haushalt tätigen, lohnt es sich, auf Portalen für Gebrauchtwaren nachzuschauen. Dort lassen sich oft sogar neuwertige Gegenstände günstiger erstehen. Hinzu kommt noch, dass Sie dadurch die Lebenszeit von Artikeln verlängern und somit zugleich das allgemeine Müllvolumen verringern können.*

HIER WIRD GEKOCHT

Im privaten Raum ist besonders die Nahrungszufuhr ein Garant für regelmäßigen Materialverschleiß. Zubereitung, Lagerung, Transport und Verzehr brauchen nicht nur Energie, sondern generieren jede Menge Abfall. Dies geschieht auch indirekt, da wir regelmäßig Reinigungsmittel, Schwämme und Bürsten verbrauchen. Wer den Einfluss von Erdölprodukten effektiv zu vermeiden sucht, sollte also besonders hierbei ansetzen.

Wenn man den alltäglichen Konsum unter die Lupe nimmt, dann ist im Haushalt die Küche eine der häufigsten Anlaufstellen für Erdölprodukte. In erster Linie liegt das an den Verpackungen. Ob Plastikfolien, Säcke, Joghurtbecher, Tetrapaks, Flaschen, Schraubverschlüsse oder Blister. Selbst die Beschichtungen von Metalldeckeln oder Kartonverpackungen bestehen in vielen Fällen aus Kunststoff. Hinzu kommen noch Klebematerialien und Druckertinte für die Aufschriften, Schraubverschlüsse et cetera.

Immerhin entwickelt sich der Verpackungsmarkt langsam, aber zumindest Schritt für Schritt in Richtung Nachhaltigkeit. Wie sieht es allerdings in der Küche selbst aus mit all den Geräten. Schon auf den ersten Blick fallen mir unzählige Gegenstände ins Auge, die zumindest teilweise aus Plastik bestehen.

Bei den großen Geräten wie Kühlschrank, Mikrowelle, Toaster, Reiskocher, Mixer, Geschirrspüler oder Herd weist in den meisten Fällen die Armatur Elemente aus Plastik auf. Da wir all diese Apparate im Idealfall mehrere Jahrzehnte besitzen, ist das jetzt nicht ganz so tragisch wie Wegwerfartikel, aber dennoch kann es nicht schaden, nach Alternativen zu schauen.

In einer kurzen Bestandsaufnahme habe ich sämtliche Küchenartikel aufgelistet, die unseren Selbstversuch nicht gut dastehen lassen und geschaut, was es für Alternativen gibt. Bei den oben genannten größeren Gerätschaften kommen wir aufgrund der darin verbauten Elektronik meist nicht plastikfrei davon. Allerdings gibt es Varianten, deren Komponenten großteils aus Metall, Glas, Holz und teilweise sogar aus Stein bestehen. Wenn Sie gerade einen neuen Geschirrspüler suchen, warum also nicht einen mit Hartholzverschalung. Bei richtiger Handhabung steht einer langen Nutzung nichts im Wege.

Ich stelle fest, dass auch ein Großteil des kleineren Kücheninventars aus erdölbasiertem Kunststoff besteht. Ob Kochbesteck, Boxen zur Aufbewahrung von Zutaten, Schneidbretter, Nudelsiebe, sie alle haben zumindest Griffe aus Plastik. Für mich ist das einigermaßen unangenehm. Einerseits will ich sie am liebsten sofort loswerden und durch Neuanschaffungen aus Metall, Holz oder Silikon ersetzen. Da sie zum Teil noch von den Vormietern stammen, hängt auch meist kein nennenswerter sentimentaler Wert daran. Eine funktionierende Pfanne aufgrund ihres Kunststoffgriffes zu entsorgen, ist aber auch nicht unbedingt der Sache dienlich. Weil es sich beim Teflon, das sie überzieht, auch um ein weiteres Erdölprodukt handelt, vergewissere ich mich noch einmal über dessen Risiko. Angeblich ist das unter dem chemischen Namen Polytetrafluorethylen (PTFE) bekannte Produkt erst ab Temperaturen von dreihundertsechzig Grad Celsius gesundheitsschädlich. Eine Temperatur, die bei sachgemäßer Handhabung im Haushalt nicht annähernd erreicht wird. Und verschluckte Teflonabsplitterungen? Auch die werden vom Körper aufgrund der Inertheit des Materials angeblich zur Gänze wieder ausgeschieden. Vermutlich eine Voraussetzung dafür, dass Teflon auch in der Medizintechnik wie beispielsweise bei Zahnimplantaten eingesetzt werden darf. Einer besonderen Erwähnung bedarf hierbei noch der Wasserkocher. Sie sind gut beraten, ein Exemplar mit metallischem Krug zu besorgen. Durch die hohen Temperaturschwankungen wird das Material bei Wasserkochern besonders stark strapaziert, was im Falle eines Behälters aus Kunststoff die Freisetzung von Chemikalien begünstigt.

Für Küchenutensilien ist jedoch recht schnell Ersatz gefunden. Einen Teil klaube ich mir virtuell auf einer Online-Plattform zusammen, auf der ich praktischerweise auch gleich die entsprechenden Gütesiegel über die biologische Herkunft der Komponenten betrachten kann. Der andere Teil landet im analogen Einkaufskorb beim Interspar. Dort finden sich seit kurzer Zeit Pfannenbürsten aus Holz mit Naturborsten und austauschbaren Köpfen sowie zur Gänze aus Naturfasern bestehende Wischlappen und ein paar andere praktische Kleinigkeiten. Immerhin ein sichtbares Zeichen dafür, dass Nachhaltigkeit auch bei Großkonzernen Schritt für Schritt Einzug hält. In Summe zahle ich für all diese Besorgungen lediglich einen zweistelligen Betrag und habe mein Kochbesteck ersetzt sowie einen kleinen Vorrat an ökologisch weniger bedenklichen Putzutensilien angelegt.

Fazit. *Bei den vielen Küchengeräten ist ein Kunststoffanteil unvermeidbar. Was allerdings leicht austauschbar ist, sind Utensilien mit direktem Kontakt zum Essen. Wenn Sie Ihr Kochbesteck ersetzen und nur mehr Geschirr aus Glas, Metall, Holz oder Keramik verwenden, ist das Risiko, dass Speisen bei der Zubereitung mit schädlichen Inhaltsstoffen aus Plastik in Berührung kommen könnten, stark eingeschränkt.*

AUFSTRICHE ALLER ART

Die womöglich am schwierigsten zu vermeidende Art der Aufnahme von Chemikalien auf Mineralölbasis sind im Alltag Dämpfe. Da wir nicht viel Kontrolle über die Luft haben, die wir einatmen, können wir jedoch zumindest schauen, wo solche Dämpfe entstehen und darauf Einfluss nehmen. So auch beispielsweise bei Farben, die großflächig aufgetragen werden.

September. Es ist eine der ersten Wochen seit Schulanfang. Wir haben soeben mit unserem Klassenvorstand beschlossen, das Klassenzimmer auszumalen. Nachdem wir letztes Jahr in der Unterstufe des Gymnasiums ein Nomadendasein als Wanderklasse geführt hatten, ist die Freude nun umso größer, einen eigenen Raum gestalten zu können. Die Farbe, auf die wir uns letztlich einigen, lässt sich als helles Sonnengelb beschreiben. Retrospektiv betrachtet eigentlich ein ziemlich ähnlicher Farbton wie etwas blasse Post-Its.

Das Ergebnis konnte sich durchaus sehen lassen. Nach einem spaßigen Abend in der Schule, der zugleich als Teambuilding-Einheit für die neu zusammengewürfelte Klasse fungierte, erstrahlten die Wände des Raumes in der demokratisch bestimmten Wunschfarbe ihrer zukünftigen Teilzeitbewohner. Dezent und hell, aber nicht zu kalt. Seither habe ich nicht selten mit dem Gedanken gespielt, meiner künftigen Traumwohnung ein ähnliches Innenleben zu verpassen. Was mir damals aber auch eindringlich klar wurde, ist, dass nach dem Ausmalen, oder vielleicht sogar schon währenddessen, ausführlich gelüftet werden sollte. Nicht nur, damit die frisch aufgetragene Farbe schneller trocknet, sondern auch, weil sie stinkt. Anders als die Neben- oder Endprodukte eines biologischen Prozesses sind die Dämpfe synthetischer Farben nämlich schädlich für den menschlichen Körper.

Ich muss eingestehen, welche Art von Anstrich wir damals verwendet haben, könnte meinem Erinnerungsvermögen ferner kaum liegen. In Anbetracht des Zeitraums und der Marktsituation ist aber die Wahrscheinlichkeit sehr hoch, dass es sich um Dispersionsfarbe gehandelt hat. Schließlich kommt Kunststoffdispersion in den meisten Bereichen als Universalfarbe zum Einsatz. Dabei ist das Spektrum vom Anstrichmittel für den Innenraum bis hin zu Straßenmarkierungen sehr breit gefächert.

Der Vorteil von Kunststoffdispersionen ist, dass diese nicht nur sehr gut haften und schnell trocknen, sondern dass sie außerdem durch eine immense Farbauswahl sowie niedrige Preise punkten. Kein Wunder also, dass sie besonders häufig verwendet werden. Um all diese Eigenschaften zu erhalten, bedarf es jedoch einer Vielzahl an Zusatzstoffen. Neben den Grundbestandteilen einer Farbe, wie Stabilisatoren, Verteilungsmittel, Füllstoffen und Farbpigmenten, beinhalten sie daher oft auch Zusatzstoffe wie Konservierungsstoffe, Antischaummittel, Rostschutzmittel, Lösungsmittel oder Biozide.

Dass die zuerst erwähnten positiven Eigenschaften lediglich eine Seite der Medaille ausmachen, liegt daher auf der Hand. Einerseits wirkt sich bei Kunststoffdispersion deren geringe Durchlässigkeit von Wasserdampf als beschleunigender Faktor für die Bildung von Schimmelpilzen aus. Andererseits tragen besonders die zugesetzten Konservierungsmittel zu einer Beeinträchtigung der Gesundheit bei. Ein erhöhtes Allergierisiko sowie die Verstärkung bereits vorhandener Allergien sind häufige Begleiterscheinungen. Manche Zusatzmittel sind sogar mit dem Kanzerogen Asbest verunreinigt.

An dieser Stelle ein Sprung in die jüngste Vergangenheit: Um unsere Küche, deren Rückwand bereits die Spuren mehrerer vergangener Wohnkonstellationen aufweist, neu auszumalen, haben wir vor ein paar Monaten eine Latexfarbe besorgt. Der Gedanke dahinter war, dass diese leichter sauber zu halten sei. Besonders in der Küche, wo ja recht bald ein paar Spritzer an der Rückwand landen können. Dafür braucht es nicht einmal ein ungeschicktes Omelette- oder Palatschinken-Schupfen. Hin und wieder verrichtet auch ein heißes Curry den Job des unbestellten Graffity-Künstlers ganz von alleine. Aber ist leicht zu säubernde Farbe gesundheitlich unbedenklich oder gibt es andere Lösungen?

Um zu erkennen, ob Anstrichmittel frei von zumindest einigen der gängigen schädlichen Inhaltsstoffe sind, gibt es das Gütesiegel »Blauer Engel«. Damit gekennzeichnete Farben dürfen seit 2018 auch nicht mehr hoch allergene Konservierungsmittel wie Methylisothiazolinone und

Benzisothiazolinone enthalten. Eine Tatsache, die uns beim Kauf der Farbe vor einigen Monaten noch nicht bewusst war. In dem Fall ist unser Glück, dass das Ausmalen der Küche nie sehr hoch auf unserer Prioritätenliste stand und bislang der gnadenlosen Macht der Prokrastination zum Opfer fiel. Den Farbkübel, in dessen Inhalt sich genau jene beiden kritischen Zusatzmittel befinden, müssen wir jetzt natürlich irgendwie loswerden. Wenn wir uns dadurch aber längerfristige gesundheitliche Schäden sparen, dann war es das wert. Endlich einmal ein Fall, bei dem sich die pathologische Aufschieberitis gelohnt hat.

Abgesehen von synthetischen Farbmischungen und Lacken gibt es aber auch natürliche Anstrichmittel. Diese basieren meist auf Leinöl oder Rizinusöl. Sie sind allerdings in der Regel teurer in der Anschaffung und weisen auch andere entscheidende Nachteile auf. Einerseits brauchen sie länger, um zu trocknen, und andererseits tendieren einige von ihnen zu Verfärbungen. Besonders unter Einfluss von Sonnenlicht bleichen sie meist leicht aus. Wer kennt denn nicht den alten Hausfrauentrick, das intensive Dunkelgrün von Kürbiskernölflecken in der Mittagssonne einfach verschwinden zu lassen. Dennoch handelt es sich hierbei um eine angenehme Option, wenn Sie nicht nur auf mineralölbasierte Produkte, sondern auch auf giftige Dämpfe lieber verzichten wollen.

Nachdem wir die neuwertige Latexfarbe letztlich über *Willhaben* wieder losgeworden sind, gilt es nun, einen Ersatz zu finden, der in seiner Zusammensetzung eher mit einer Küche vereinbar ist. Vielleicht stoßen wir ja auf ein helles Sonnengelb.

Fazit. *Wenngleich die Auswahl nicht die gleiche ist, sind Dispersionen auf pflanzlicher Basis nicht allzu schwer erhältlich. Sobald es aber darum geht, Farben mit besonderen Eigenschaften zu finden, sind die Grenzen der Auswahl recht rasch ausgelotet. Hier gibt es also noch reichlich Aufholbedarf.*

KÖSTLICHE SCHEIBEN

Ein aussagekräftiger Indikator für das Tempo, mit dem die Technik voranschreitet, sind Speichermedien. Während heutzutage immer mehr Daten auf immer kleiner werdenden Datenträgern oder gleich in der Cloud landen, hat die aus der Mode gekommene CD sehr lange unseren Alltag geprägt. Aber woraus besteht sie eigentlich?

Vergangenes Wochenende war ich bei meinen Eltern auf Besuch zur Jause. Wo, wenn nicht bei einer liebevollen familiären Zusammenkunft, lässt man sich mit selbstgemachtem Kuchen bestechen, um nachher die eine oder andere Aufgabe im Haushalt zu erledigen. Diesmal hieß es, meinen Kasten mit Hab und Gut aus der Kindheit auszumisten. Ordner und Schuhkartons, deren Inhalte zum Teil noch aus dem letzten Jahrtausend stammen. Ich öffne eine als »Computerzeugs« beschriftete Schachtel und bemerke, dass ihr Inhalt eigentlich schon von historischem Wert ist. Ganze Stapel an CDs, DVDs und CD-Roms. Dazu kommen noch eine Menge ungebrauchter Rohlinge.

Bevor USB-Technologie und Cloud-Speicherung überhandgenommen haben, waren Compact Disk und Konsorten das dominante mobile Speichermedium. Besonders, was Audiodateien anbelangt, lösten sie Vinyl sowie Kassette gleichzeitig ab und fungierten als Hauptträgermedium, bis der noch kurzlebigere MP3-Player einen Wandel einläutete.

Dementsprechend sitze ich nun auf einem Stapel unbrauchbarer ineffizienter Scheiben aus Polycarbonat mit Aluminiumbeschichtung. Die vergleichsweise kurze Verwendbarkeit ließ sich eher noch erahnen, aber wem war schon vor zwei Jahrzehnten bewusst, dass die Lieblings-CD, die er auf und ab hörte, aus Erdöl bestand und ebenso das potenziell gesundheitsschädliche Bisphenol A enthielt? Wenigstens kommen CDs im Normalfall nicht in Kontakt mit Nahrung oder Hygieneprodukten.

Auf meine Frage in eine Chatgruppe mit Freunden, ob jemand noch Verwendung für CD-Rohlinge hat, bekomme ich die Antwort: »Das hängt davon ab, wie viel du mir dafür zahlst.« – Fair enough. Beim Gedanken an die Entsorgung habe ich, ob der steigenden Bewusstheit, wie viel nicht biologisch abbaubaren Müll ich bereits generiert habe, ebenfalls ein schlechtes Gewissen. Doch dann, ein Glückstreffer. Die Schwester eines Freundes benötigt für veraltete Technik auf der Universität noch CDs und holt sie sich ab. So hat alles irgendwo seine positive Seite. Sogar die institutionelle Unfähigkeit, für ein angemessenes Budget im Bildungsbereich zu sorgen.

Wie ich mit meinen alten DVDs und Computerspielen verfahren soll, ist da schon um einiges schwieriger. Der sentimentale Wert, den ich damit verknüpft habe, lässt sich schwer ignorieren. Längst in die hintersten Gehirnwindungen verschwundene Erinnerungen kommen wieder zum Vorschein, als ich durch meine alte Sammlung von Actionfilmen blättere. Als Teenager hatte ich mir die meisten heimlich nach der Schule beim Saturn gekauft, um dann eines Abends Tränen zu lachen, wenn mitten in der komplett asynchronen deutschen Synchronisation eines Jackie Chan-Streifens aus den 70er Jahren plötzlich unübersetzte kantonesische Passagen auftauchten.

Da diese Filme jedoch mittlerweile alle in besserer Qualität und ohne Platz zu verbrauchen im Internet aufzufinden sind, macht es eigentlich nur Sinn, sie loszuwerden. Wenn etwas bestenfalls einmal alle zehn Jahre zum Einsatz kommt, dann klopft bei mir der Pragmatismus an und ich frage mich, ob der Stauraum nicht anderweitig genutzt werden kann. Es besteht natürlich immer noch die Möglichkeit, dass besagte Internetserver eines Tages von spontanen Meteoritenschauern oder einem kleinen Erdbeben vernichtet werden und ich in postapokalyptischer Resignation nach Hong-Kong-Kino hungere, aber dieses Risiko muss ich eingehen. Darum habe ich die DVDs einem Freund mit ähnlich skurrilem Geschmack geschenkt. So kommt es vielleicht zum ein oder anderen gemeinsamen Filmabend.

Auch die CDs ereilt ein ähnliches Schicksal, wenngleich ich mich von einem kleinen Stapel nicht trennen kann. Erdöl hin oder her – selbst wenn es einmal nicht mehr lesbar ist, wird mein erstes Album von den *Beatles* den Weg zur Entsorgung nicht finden. Ich bin auch nur ein Mensch.

Fazit. *Während heutzutage der Aufwand für Datenserver stetig steigt, sinkt das materielle Volumen von Speichermedien pro Haushalt. USB-Technologie und Streaming haben es ermöglicht, dass ein kleines Laufwerk mehr Musik und Daten speichern kann, als es zuvor ganze Regale voll mit CDs taten. Ich weiß gar nicht mehr, ob es sich überhaupt noch lohnt, CDs aufzuheben. Wenn die Daten ohnehin anderweitig in viel besserer Qualität verfügbar sind, dann höchstens, um aus nostalgischen Gründen das Cover zu behalten.*

ZUM MITSCHREIBEN

Wie viele Stifte schreiben Sie tatsächlich leer, bevor Sie sie entsorgen? Bei wie vielen Kugelschreibern legen Sie eine neue Mine ein? Haben Sie Stifte aus nachwachsenden Rohstoffen? – Keine Sorge, auch mein Bürozimmer hat diesbezüglich einiges an Verbesserungsbedarf.

Ich sitze am Schreibtisch und mir wird einmal mehr bewusst, wie unglaublich illusorisch der ursprüngliche Gedanke wäre, zu hundert Prozent plastikfrei zu leben und darüber gleichzeitig ein Buch zu schreiben. Es fängt ja schon beim Schreiben selbst an. Jetzt sitze ich vorm PC und meine Finger hämmern munter in die Tasten. Diese wiederum bestehen aus Kunststoff. Ebenso wie die restliche Tastatur, die Maus in meiner rechten Hand, das Mousepad darunter, die Lianen von Kabeln hinter meinem Schreibtisch, Teile des Bildschirms, dessen Leuchten Tag für Tag mein Gesicht erhellt, die Boxen, deren fleißige Wiedergabe von Instrumentalmusik meine Konzentration unterstützen soll, der surrende Rechner sowie ein großer Teil der Komponenten, die in all diesen Geräten intern verbaut sind. Wie soll ich ohne all das heutzutage noch ein Buch schreiben? Mit Stift und Papier ist das schon irgendwie möglich. Ich dürfte keine Kugelschreiber nehmen, keine Stifte, deren Körper oder Mine oder Beschichtung etwas mit Erdöl am Hut hat. Das gleiche gilt für das Papier, dessen Sammelordner und so weiter. Theoretisch möglich.

Das würde aber immer noch nicht das Problem der Veröffentlichung lösen. Früher oder später müsste ich es digitalisieren. Wenn ich also keine Horden von Mitarbeiterinnen zur Verfügung habe, die, mittelalterlichen Mönchen gleich, das Abschreiben eines Buches zu ihrer Mission gemacht haben, dann komme ich nicht um moderne Buchdruckerei herum. Denn auch auf diesem Gebiet hat sich seit Gutenberg einiges getan. Dementsprechend bin ich in meiner Mission so inkonsequent, dass ich, die Augen auf den Monitor gerichtet, tippend weiterschreibe. Da ich dennoch einen Großteil meiner Gedanken in unleserlicher Handschrift zu Papier bringe, wage ich ein kleines Experiment.

Ich bin ein Riesenfan von Kugelschreibern und Stiften aller Art. Ein Blick auf meinen Schreibtisch genügt. In mehreren Farben liegen sie neben- und übereinander. Da hat sich seit dem Kindergarten wenig geändert. Als jemand, der berufsbedingt täglich mehrere Seiten in Blöcke und Bücher kritzelt, haben sich natürlich auch Lieblingsmodelle hervorgetan, die nirgendwo fehlen dürfen. Zumindest einer in jeder Jacke, in jeder Tasche, in jedem Zimmer. In meinem Fall sind das der G-2 07 sowie der V *Sign Pen* von *Pilot*. Leider bestehen beide Modelle aus Kunststoff, weshalb ich beschlossen habe, meine Bestände aufzubrauchen und nach Möglichkeit nur mehr Stifte zu erstehen, die kein Mikroplastik verursachen. Unter anderem, weil ich manchmal dazu neige, gedankenversunken an deren Ende zu kauen. Um die Hoffnung am Leben zu halten, dass die vorhin genannten Modelle eines Tages jene Kriterien erfüllen, habe ich mir gedacht, ich greife dem Ganzen ein wenig unter die Arme.

Einen Schreiberbrief an einen Stifthersteller zu schicken, erschien mir am Weg dahin als ein erster logischer Schritt. Darum besuchte ich die Website von *Pilot* und schrieb ihnen über das Kontaktformular die folgende Nachricht:

Sehr geehrte Damen und Herren,

als Autor bin ich seit vielen Jahren schon ein großer Anhänger Ihrer Produkte. Besonders der Pilot G-2 07 sowie der V Sign Pen haben es mir angetan.

Es freut mich sehr zu sehen, dass Sie begonnen haben, auf Nachhaltigkeit zu achten und Stifte aus recyceltem Material herstellen. Da ich derzeit für ein Buch über Mikroplastik recherchiere, dachte ich mir, ich bitte Sie auf ganz naive Art, gleich nach einem Weg zu suchen, ganz ohne Plastik auszukommen (Holz und Metall z.B.)

Mit ihren Produkten macht das Schreiben nämlich besonders Spaß – allerdings habe ich mir vorgenommen, nur mehr Produkte zu kaufen, die kein Mikroplastik mehr verursachen können.

Sie verändern mit so einem Schritt als führender Schreibwarenhersteller nicht nur den Markt in eine notwendige Richtung. Auch marketingtechnisch können Sie von so einer Vorreiterrolle stark profitieren. Falls Sie konkretere Ideen brauchen, stehe ich Ihnen gerne zur Verfügung.

Mit besten Grüßen
Nikolaus Nagl, MA

(Beim ersten digitalen Briefwechsel den Titel dazuzuschreiben, ist meine Pflicht als Österreicher. So etabliert man hierzulande seine Kredibilität. Als Künstler, nebenbei bemerkt, doppelt notwendig. Wenn ich auf irgendeine Art Patriotismus ausübe, dann auf diese.)

Zugegebenermaßen war das ein ziemlich absurder Schritt. Ob diese Nachricht über ein automatisches »Danke dafür, dass Sie uns Ihr Anliegen mitgeteilt haben« hinaus etwas bewirken wird, bleibt vorerst abzuwarten. Falls sie doch die Aufmerksamkeit menschlicher Augen bekommen sollte, dann hoffe ich, dass sich die lesende Person nicht in ihren Kompetenzen beleidigt fühlt. Aber im Best-Case-Szenario ist das Resultat, in ein paar Monaten die ersten hölzernen G-2 07 in der Hand zu halten. Ein Ergebnis, das sogar diese unbezahlte Produktplatzierung rechtfertigen würde.

Fazit. *Mittlerweile gibt es viele Möglichkeiten, an Kugelschreiber aus Holz, Metall oder Kork zu kommen, bei denen lediglich die Mine Kunststoff beinhaltet. Die Qualität kann jedoch sehr stark variieren und viele Hersteller werben zwar mit Öko-Kulis, deren Gehäuse besteht aber oft nur zu einem kleinen Prozentsatz aus natürlichem Material, der Rest ist recyceltes Plastik. Ich bin dazu übergegangen, dass ich direkt beim Hersteller nur die Minen bestelle. Nebenbei sehe ich mich nach einem passenden Gehäuse aus natürlichen Rohstoffen um, in das ich sie dann einfach einbauen kann.*

PLATTENWEISE FINGERFOOD

Die digitale Ausstattung eines modernen Haushalts wächst laufend. Aber sie hat auch eine ganz besondere Schattenseite: Entsorgung. Meist ist ein Großteil der Komponenten von Elektroschrott noch verwertbar, wenn er weggeworfen wird, und auch die Einsatzdauer lässt bisweilen sehr zu wünschen übrig.

Es ist mein vierzehnter Geburtstag und ich kann mein Glück kaum fassen. Ich bekomme meinen ersten eigenen Computer. Er ist hellgrau, wie so ziemlich alle Modelle seiner Zeit. Endlich bin ich nicht mehr auf streng limitierte Zeit am Familien-PC oder auf Besuche bei Freunden angewiesen, um Spiele spielen zu können. Zwar habe ich in meinem Zimmer noch kein Internet, weil es bis zum WLAN-Anschluss noch ein Jahr dauern würde, aber historisch angehauchte Strategiespiele wie Age of Empires, Stronghold oder Warcraft bieten einem Teenager auch offline viel geistige Stimulation und in den folgenden Jahren verbrachte ich (viel zu) viele Stunden in virtuellen Abenteuern.

Mittlerweile sind sämtliche Bestandteile jenes ersten Computers dem Fortschritt der Technik zum Opfer gefallen und durch neuere Modelle ersetzt worden. Mein ältestes PC-Zubehör heute sind die zehn Jahre alten Lautsprecher-Boxen von Logitech. Der Rest ist jünger. Tastatur und Bildschirm sechs Jahre, Maus vier, Headset drei. Die Tatsache, dass ich meinen Rechner vor fast sieben Jahren selbst zusammengebaut habe, erinnert mich daran, wieder einmal ein Daten-

Backup zu machen. Schließlich hat er das durchschnittliche Einsatzalter seiner Artgenossen längst überschritten. Wahrscheinlich hat er seine lange Lebensdauer nur der Tatsache zu verdanken, dass er bei mir meist eher lange durchläuft und somit weniger Temperaturschwankungen durch wiederholtes Ein- und Ausschalten ausgesetzt ist.

Dennoch, einzelne Mängel machen sich immer wieder bemerkbar. Nicht zuletzt die Maus, die kaum noch das tut, was man ihr befiehlt. Ich besitze zwar eine Zweit-Maus aus recyceltem Plastik, das ändert aber nichts daran, dass ich mich um die letzte kümmern muss.

Über sieben Kilogramm Elektroschrott entstanden im Jahr 2019 pro Kopf weltweit. Das ist mehr als die gesamte Biomasse der Menschen in Europa. Dass in Europa selbst der Pro-Kopf-Wert deutlich über dem weltweiten Durchschnitt liegt, kann auch niemanden verwundern. Zwar funktioniert das Recycling hierzulande besser als in strukturell schlechter entwickelten Gegenden des Planeten, aber dies macht den Mehrverbrauch nicht annähernd wett. Selbst wenn wir in Österreich (18,8 Kilogramm), Deutschland (19,4 Kilogramm) oder der Schweiz (23,4 Kilogramm) 95 Prozent recyceln würden, entstünde immer noch mehr E-Waste pro Person als in Ländern wie Nepal (0,9 Kilogramm).

Plastik macht zwar bei Elektroschrott gewichtsmäßig nur einen geringen Anteil aus, ist jedoch oft verhältnismäßig kurzlebig. Von den Verpackungen ganz abgesehen: Wie oft werfen wir ein elektronisches Gerät oder einzelne Bestandteile davon weg, weil die Elektronik nicht mehr funktioniert? Das Kunststoffgehäuse ist dabei meist noch intakt, landet aber ebenfalls im Müll. Wenn beispielsweise die Kontakte einer Maustaste mit der Zeit wegen Verschmutzung schlechter funktionieren, sind wir dazu verleitet, anzunehmen, dass die Maus kaputt ist. Nur die wenigsten Leute nehmen sich die Mühe, das Gerät zu zerlegen und zu reinigen. Dabei gäbe es dafür im Internet genug Tutorials. Wie so oft ist jedoch die Bequemlichkeit das größte Hindernis.

Wenn wir in ein Geschäft gehen müssen, um uns eine neue Maus zu besorgen, dann zahlt es sich zeitlich vielleicht noch aus, eine halbe Stunde in die Reparatur daheim zu investieren. Wenn aber eine neue Maus nur wenige Klicks entfernt ist und wir sie bis an die Haustüre geliefert bekommen, warum setzen wir uns dann mit der vorigen auseinander? Zeit ist schließlich jene Ressource im Leben eines Menschen, die mit der größten Sicherheit limitiert ist. Wir können uns Wissen aneignen, mehr Geld verdienen, mehr essen, trinken, mehr Kinder machen, ja sogar mittels Adoption neue Eltern bekommen. Aber die Zeit, die uns zur Verfügung steht, ist, wenn wir Glück haben, auf ein knappes Jahrhundert beschränkt. Selbst, wenn man die Fortschritte von Technologie und Medizin mit einberechnet, wird das auch in den nächsten Jahrzehnten für den Großteil der Bevölkerung so bleiben.

Darin liegt das Problem des Systems. Wenn ich annehme, dass ich in X Jahren wahrscheinlich nicht mehr am Leben bin, warum dann Zeit aufwenden für so langweilige

Tätigkeiten wie Reinigung oder Mülltrennung? Ein Appell an den Altruismus der Menschen und an die Rücksicht gegenüber nachfolgenden Generationen hilft da nur bedingt. In den meisten Fällen fehlt einfach das Bewusstsein. Die Entsorgung eines Gegenstandes endet kognitiv meist in der Sekunde, in der wir ihn in den Mistkübel schmeißen. Was danach damit passiert, ist für uns meist nicht mehr am Radar.

Zugegebenermaßen sind auch die Alternativen im Bereich der Elektronik, was das anbelangt, eher unterentwickelt. Es gibt ein paar Retro-Tastaturen und futuristische Mäuse aus Metall. Immerhin kunststoffarm und langlebig, aber darüber hinaus findet sich nicht wirklich etwas Nachhaltigeres. Ich suche aus Neugier heute schon den dritten Tag in Folge nach möglichst natürlichem Computer-Zubehör. Ein einziges Tastaturmodell, das zum Teil aus Holzfasern besteht, habe ich gefunden. Es kam vor knapp zehn Jahren auf den Markt und sieht immer noch gleich aus.

Ansonsten Mäuse und Tastaturen mit einer Oberfläche aus Bambus, die mich jedoch aufgrund ihrer Kabellosigkeit und damit einhergehenden Abhängigkeit von Batterien nicht überzeugen. Bei Mäusen gibt es eine etwas bessere Auswahl an Holzmodellen, doch auch diese weist besonders im Bereich Ergonomie noch viel Potenzial auf.

Geschlaucht beende die Suche nach einer neuen Maus aus Holz und hole mir Alkohol, Klebeband, Schraubenzieher und eine Nähnadel. Denn laut Tutorial auf Youtube kann ich damit meine alte Maus am besten reinigen und einen Neukauf zeitlich aufschieben. MacGyver lässt grüßen.

Fazit. *Elektroschrott ist eine stetig wachsende Belastung für Umwelt und Gesellschaft. Dass dabei oft ein Großteil des entsorgten Materials aber noch funktionstüchtig ist, ist vielen Leuten bewusst. Ich bin dazu übergegangen, bevor ich etwas wegwerfe, entweder ein Online-Tutorial zur Reparatur anzuschauen oder einen Abnehmer zu finden, der einen Teil davon weiterverwenden kann.*

DAS ALLWISSENDE REZEPTBUCH

Stetig wachsende Serverfarmen weisen heute den Weg in die ungewisse Zukunft der Digitalisierung. Von Videos auf Social Media bis hin zu Kryptowährungen werden darauf unzählige Daten verwaltet. Der dadurch entstehende Aufwand an Energie und Material ist dementsprechend enorm.

Da wir schon bei den Computern sind: Wie sieht es eigentlich mit dem Internet aus? Verbraucht eine Suchanfrage bei Google Erdöl? Höchstwahrscheinlich. Schließlich werden bestimmt nicht alle Serverfarmen, welche an so einer Suche beteiligt sind, einzig und allein durch erneuerbare Energien betrieben. Oder etwa doch? Außerdem muss man ja sämtliches Material wie kilometerlange Kabel, Router und dergleichen sowie darin verbaute Kunststoffe mit einberechnen. Auch wenn dieser Anteil bei einer Anfrage zugegebenermaßen minimal ist. Nichtsdestotrotz werde ich mich wohl oder übel der paradoxen Aufgabe widmen, zu googlen, was eine Google-Suchanfrage denn so verbraucht.

Fest steht, dass die Rechenzentren von Internetgiganten wie Amazon, Google oder Facebook ungeheuerlich viel Energie brauchen. Pro Suchanfrage sind im Schnitt 0,3 Watt Energie nötig, um ein Ergebnis auszuspucken. Um dem Energieverbrauch von Serverfarmen entgegenzuwirken, gibt es auch Suchmaschinen wie Ecosia, die es sich zur Aufgabe gemacht haben, zumindest die Energie zu kompensieren, die von einer Suchanfrage verbraucht wird. In dem Fall dadurch, dass man mit jedem Mal Suchen die Pflanzung von Bäumen mitfinanziert und diesen persönlichen Fortschritt auch noch mitverfolgen kann.

Abgesehen davon, dass Googles Datenzentren angeblich fast zu hundert Prozent grün sind, brauchen diese nur einen Bruchteil der Energie einer ganz anderen Online-Branche. Kryptowährungen und ihre Rechenzentren haben einen Energiehunger, der sogar ganze Länder in den Schatten stellt. Alleine die größte Kryptowährung, der Bitcoin, verbrauchte noch im Oktober 2020 etwa 67 Terawattstunden Strom pro Jahr. Etwa das Zehnfache als nur drei Jahre zuvor. Ein halbes Jahr später verbrauchten die Serverfarmen, die hinter der Währung stehen, bereits deutlich mehr Energie als die Niederlande.

Es gibt natürlich genügend Befürworter von Kryptowährungen, die damit argumentieren, dass Zentralbanken und digitale Währungen ebenso Energie benötigen. Laut Angaben des holländischen Ökonoms Alex de Vries verschlingen bereits Mitte 2021 die Server für Bitcoin mehr als die Hälfte der Energie aller Rechenzentren, die für den Betrieb von Internet, Cloud sowie internationalen Finanzsystemen notwendig ist. Hinzu kommt noch, dass durch die Komplexität der Blockchain-Technologie laut der Webseite *Digiconomist* eine einzige Transaktion mit Bitcoin einen höheren Energieaufwand verursacht als mehrere hunderttausend Zahlungen mit einer Kreditkarte.

Die ständig wachsenden Serverfarmen, deren größter Anteil sich in China befindet, werden jedoch nicht einmal zur Hälfte mit Ökostrom betrieben. Auch Unmengen an fossilen Brennstoffen gehen dafür drauf. Während das »Schürfen« genannte Berechnen der Coins nicht nur Legionen an Hardware-Komponenten beansprucht und die Preise von Recheneinheiten in astronomische Höhen schießen lässt, entstehen zugleich gigantische Emissionsmengen. Ich habe zugegebenermaßen schon mehrmals mit dem Gedanken gespielt, Bitcoins zu kaufen, aber dieser fatale Hintergrund ist für mich alles andere als überzeugend.

Im Zuge eines Versuches der Selbstkontrolle zeichne ich einen Strich auf meine Liste. Heute schon die vierundfünfzigste Suchanfrage. Die Anzahl der offenen Tabs meines Browsers befindet sich längst im dreistelligen Bereich. Ironischerweise befinden sich darunter auch die Ergebnisse jener Suchanfrage, mit der ich herausfinden wollte, wie viel Energie denn eine Suchanfrage überhaupt verbraucht.

»Google gibt an, dass für eine durchschnittliche Suchanfrage etwa 0,0003 kWh Energie aufgewendet werden, was ungefähr 0,2 g Kohlendioxid entspricht. Verwandte Tatsache: 100-maliges Durchsuchen des Internets entspricht dem Trinken von 1,5 Esslöffeln Orangensaft, sagt Google. Das ist harte Arbeit!«

Übersetzt von Google Translate.

Fazit. *Schon im privaten Bereich miste ich nicht annähernd so viele digitale Daten aus, wie ich gerne würde. Auch laufen manche Geräte viel länger, als sie sollten. Im Vergleich zum Energieaufwand von Kryptowährungen handelt es sich dabei jedoch um eine Nichtigkeit und weil auch individuelles Verweigern keinen Einfluss auf derartige Entwicklungen hat, sind wir einmal mehr auf Innovation und Gesetzgebung angewiesen.*

MIT DER RICHTIGEN VERMARKTUNG

Jede Person, Firma oder Partei, die auf sich und ihre Leistungen oder Waren aufmerksam machen will, tut dies auf eine andere Art. Aber ob Luftballon oder Plakatierungs-Aktionen, Langlebigkeit oder Nachhaltigkeit der Methoden werden meist komplett außer Acht gelassen.

Wohin wir auch gehen, ihr zu entkommen ist nahezu unmöglich. Solange wir uns an einem Platz befinden, den regelmäßig Menschen frequentieren, begegnen wir ihr. Oft tragen wir sie sogar mit uns herum, ohne dass es uns bewusst ist. Wirklich lange bleibt sie allerdings nur selten. In den meisten Fällen hält sie es nicht einmal ein Jahr am selben Ort aus, ehe sie ihn ihren Nachfolgern überlässt. Sie ist unterhaltsam und scheint für jedes unserer Probleme eine maßgeschneiderte Lösung parat zu haben. Oft zeigt sie uns Probleme auf, von denen wir nicht einmal wussten, dass es sie überhaupt gibt. Sie kann zugleich innovativ und verschwenderisch sein, künstlerisch und provokativ, sie existiert, um uns zu animieren.

Werbung ist ein von Menschen entworfenes Endprodukt, das Sie tagtäglich konsumieren, ohne dafür auch nur einen Cent auszugeben. Wenn Sie, wie die meisten Menschen, weder selbstständig sind noch im Marketingbereich arbeiten, dann müssen Sie sich auch nicht darum kümmern, Werbemittel herzustellen.

Warum findet man dennoch überall Werbung? Sie zahlen indirekt. Mit Ihrer Aufmerksamkeit, mit Ihrer Lebenszeit oder indem Sie Produkte kaufen und somit das Werbebudget des Herstellers mitfinanzieren. In vielen Fällen fungieren Sie unbewusst sogar selbst als Werbeträger für etwas, für das Sie Geld ausgegeben haben. Indem Sie beispielsweise Kleidung mit einem Markensymbol tragen oder indem Sie ein Foto davon auf ihr Social Media-Profil hochladen.

Angefangen bei Plakaten bis hin zu Flyern oder Zeitungsartikeln, Merch-Artikel oder Videospots im Internet. Werbung verbraucht auch Unmengen an Ressourcen. Der

Grund dafür liegt darin, dass ihre Lebenszeit begrenzt ist. Selbst Firmen mit einem unverwechselbaren Logo oder einem peppigen Slogan, der auf der ganzen Welt in aller Munde ist, stecken einen Großteil ihres Budgets in den immerwährenden Kampf um unsere Aufmerksamkeit. Umsatz macht nämlich nur der, wer nicht in Vergessenheit gerät. Einerseits hört das Werbevolumen im digitalen Bereich, wo die Produktion eines Clips sowie Serverleistung ihren Tribut fordern, scheinbar nicht auf zu wachsen. Andererseits ist auch materialintensive physische Werbung ein allgegenwärtiger Begleiter der Zivilisation. Eines der bezeichnendsten Beispiele dafür sind Wahlkämpfe. Egal, wo auf der Welt wir uns befinden, zu Wahlkampfzeiten grinsen uns von unzähligen Tafeln am Straßenrand die Gesichter von Politikern in seriösen Anzügen oder in Landestracht an.

Durch meinen Job als Standup-Comedian und Kabarettist kugeln auch bei mir seit mindestens drei Jahren pausenlos irgendwelche Plakate oder Flyer herum. Im Vergleich zu politischen Parteien, erfolgreichen Bands wie Rammstein oder internationalen Firmen wie Samsung ist mein Werbevolumen zwar lächerlich klein, dennoch gerate ich bei der Bestellung stets in einen Interessenkonflikt.

Soll ich die Öko-Plakate für mein neues Bühnenprogramm nehmen? Oder doch lieber nicht. Die anderen verbrauchen immerhin dreimal so viele Ressourcen. Wenn man aber bedenkt, dass die Öko-Plakate nur einen Bruchteil der Menschen ansprechen, weil sich auf lehmfarbenem

Recyclingpapier optisch nicht besonders ansprechend drucken lässt, dann wendet sich das Blatt meiner Präferenz (no pun intended).

Ich möchte schließlich mehr Leute erreichen. Außerdem sind ohnehin Druckertinte, Transport und Klebematerial zum Aufhängen vermutlich die wichtigsten Faktoren, was den Verbrauch von Erdölprodukten anbelangt.

Schon ist er geebnet, der Weg zum Selbstbetrug. Zum Zeitpunkt, zu dem ich diese Zeilen schreibe, sind Live-Auftritte sowie die dazugehörige Werbung ohnehin Geschichte. Da hat der Virengott aus Wuhan eifrig vorgesorgt. Außerdem besitze ich noch alte Plakate, auf denen ich die Termine provisorisch überkleben kann. Ein paar davon habe ich in der Zwischenzeit schon als Geschenkpapier zweckentfremdet. Meine nächste Bestellung habe ich aber dennoch auf Öko-Papier geordert und das Resultat kann sich durchaus sehen lassen. Die tausend Flyer geben optisch nicht nur mehr her als in meinen Befürchtungen, sie sehen meiner Meinung sogar besser aus als die letzte Charge auf Glanzpapier. Na bitte, geht doch.

Fazit. *Werbematerial ist in seiner Lebenszeit meist schon bei der Erstellung stark begrenzt. Wenn man also Werbung betreibt, dann sollte man sich auch mit dem Thema beschäftigen, diese möglichst nachhaltig zu gestalten. Bevor wir uns Werbeartikel in die Hand drücken lassen, sollten wir uns auch als Konsumenten erstmal überlegen, ob sich das überhaupt auszahlt.*

AUS DEM WASSER

In der Bekleidungsindustrie kommen Erdölprodukte regel-
mäßig zum Einsatz. Da Stoffe wie Polyester besonders leicht
Geruch aufnehmen und von Natur aus nicht allzu atmungs-
aktiv sind, versuche ich, sie eher zu vermeiden. Bei sportlicher
Funktionskleidung ist das jedoch oft alles andere als einfach.

Geduldig liegt er neben der Kartonkiste, in der wir Altglas
sammeln, und wartet auf seinen Einsatz. Seine Haut ist
nach all den Jahren zerschunden und rau. Er erinnert mich
an seinen Vorgänger, den ich einst als Unterstufenschüler
besessen hatte. Damals spielte ich noch Basketball.

Als Kind hatten mich meine Eltern in den örtlichen Ver-
ein gesteckt. Irgendwie musste ich schließlich meine über-
schüssigen Energien loswerden und dementsprechend war
es praktisch, wenn dies außer Haus passierte. Womit meine Eltern nicht gerechnet hatten, ist, dass sich der Spaß
am Ballsport nicht aufhört, nur weil man gerade nicht im
Training ist. Dementsprechend brauchte es nicht lange, bis
ich aus der Wohnung verbannt wurde, sobald ich mich dem
runden Leder widmete. Eine logische Schnellmaßnah-
me, die Einrichtung und Lärmempfinden gleichermaßen
schonte. Zu meinem großen Glück konnte ich zumindest
in einen Garten ausweichen. Da dieser aber für Basketball
absolut ungeeignet war, dribbelte ich nur auf der Terrasse
und warf in imaginäre Körbe wie den Ast eines Marillen-
baumes. Der Wunsch, Basketball zu spielen, war so groß,

dass ich mir im Rahmen meiner Möglichkeiten eine Spiel-umgebung durch Imagination schuf. Weil allerdings die eine oder andere Zierpflanze dem Ball zum Opfer fielen und das Dribbeln auf der Terrasse besonders laut hallte, gab es erneute Sanktionen. So fand auch meine Karriere im Basketball mangels Übung ihr Ende, bevor sie noch beginnen konnte, und ich wich auf andere Sportarten aus.

Je weniger Möglichkeiten wir haben, unseren Bedürf-nissen nachzugehen, desto einfallsreicher werden wir auf der Suche nach Lösungen. Kreativität ist so gesehen das Finden von Notlösungen, um ein Bedürfnis zu stillen. Sei es das Bedürfnis nach Bewegung, das Bedürfnis, sich auf verschiedenen Sinnesebenen auszudrücken, oder das Be-dürfnis nach sozialen Kontakten. Sportarten, Kunst und Dating-Apps sind nichts anderes als eine Art der Lösung für diese Bedürfnisse. Unter diesen Gesichtspunkten ist es alles andere als verwunderlich, dass sich während des ver-gangenen Winters »Eisbaden« zu einem neuen Trend ent-wickelt hat.

Wenn wir uns im Winter nur draußen mit unseren Freunden treffen können, weil ein garstiger Virus der Gas-tronomie den Garaus gemacht hat, dann sind wir offen für Neues. Wir nutzen die Einschränkungen für eine neue Art der körperlichen und emotionalen Stimulation. In anderen Worten, wir sind so verzweifelt auf der Suche nach einer »Bonding Experience«, dass wir unsere Hemmschwelle hi-nunter setzen, um uns in 3,2 Grad kaltem Wasser den ul-timativen Endorphinkick zu holen. Wenn man bedenkt, dass die Sterberate bei diesem Spaß um einiges höher ist als beim sommerlichen Planschen, dann beweist das einmal mehr: Für Gesellschaft und das Gefühl, am Leben zu sein, steigt sogar unsere Bereitschaft, eben dieses Leben zu riskieren.

Ich hänge meine Badehose auf einen kleinen Wäscheständer im Bad, der dort am Heizkörper hängt. Es ist die gleiche, die auch in Kroatien meine Hüften geziert hat. Erstanden vor neun Jahren in einem Hallenbad in Südkorea um vierzehntausend Won. Ein echtes Schnäppchen. Damals waren das umgerechnet keine zehn Euro. Sie hat ihre Elastizität verloren und passt längst nicht mehr so gut wie früher.

Schwimmbekleidung wird fast ausschließlich aus Polyester oder Nylon hergestellt. Beides Erdölprodukte. Die meisten Textilfasern landen zwar über das Waschen der Kleidung in den Gewässern dieses Planeten, aber auch Schwimm- und Surfbekleidung ist nicht zu unterschätzen. Scheuernde Bewegungen, Wellen, Salzwasser, Sand und strahlendes Sonnenlicht setzen dem Material zu. Ich habe gestern viel Zeit damit verbracht, nachhaltige Badehosen online zu suchen. Recycelte Kunststoffe und Nylon, wie zum Beispiel aus ehemaligen Fischernetzen, machen den Großteil aus. Kostenpunkt zwischen fünfzig und hundertzwanzig Euro. Selbst davon ist der Großteil nicht davor gefeit, Mikroplastik abzugeben. Nach fünfundzwanzig Minuten stoße ich über einen Blog auf Badeshorts aus Merinowolle. Dabei handelt es sich immerhin um ein erdölfreies Produkt aus nachwachsenden Rohstoffen. Wenn man Mikroplastik vermeiden möchte, eine valide Option. Unter welchen Bedingungen besagte Paarhufer ihr Dasein fristen, ist vermutlich eine andere Geschichte. Aber die Badehosen scheinen erfolgreich zu sein. Die Homepage des australischen Herstellers sagt mir »Sold Out«.

Wie es scheint, ist die Situation bei der Badebekleidung, nun ja, bescheiden. Es ist toll, wie bemüht und innovativ aus recyceltem Material Kleidung hergestellt wird. Um Mikroplastik zu vermeiden, sollten wir aber besonders bei der Kleidung auf Kunstfasern verzichten. Weil ich das Thema noch nicht ganz abschreiben will, suche ich nach Eco-Surfprodukten. Der Hintergedanke ist ganz simpel. Wenn jemand nicht mit Plastik, egal ob in Mikro- oder Makroform, zu tun haben will, dann Leute, die ihr halbes Leben auf den Wellen verbringen. Gelegenheits-Surftourismus fordert in dieser Branche zwar auch seine Opfer, aber kein leidenschaftlicher Surfer paddelt gerne durch Müllberge. Schließlich kommt es nicht selten vor, dass Surf-Vereine auch als Veranstalter von Beach-Cleaning-Aktionen in Aktion treten.

Erwartungen erfüllt. Siehe da, der Ecosurfshop wirbt auf seiner Homepage bei einem Großteil der Artikel sogar damit, dass sie erdölfrei sind. Surfbretter aus Holz scheinen in der Branche naheliegend, aber auch Neoprenanzüge aus einem ganz speziellen Material werden angeboten. Eicoprene heißt der elastische Wunderstoff, bestehend zu siebzig Prozent aus Kalkschaum, während recycelte Gummireifen den Rest ausmachen. Auch Eco-Shorts stehen zum

Verkauf. Diese laufen unter dem Begriff »organic«, weil sie zur Hälfte aus recyceltem Polyester bestehen, in Summe handelt es sich dennoch um Kunstfaserprodukte, die Mikroplastik abgeben. Ich wittere eine Marktlücke.

Rein objektiv betrachtet ist Freikörper-Kultur zweifelsohne die ressourcenschonendste Option in Sachen Bademode. Ich bezweifle aber, dass sich ein Großteil der Menschheit dazu überreden lässt, fortan nur mehr im Adams- beziehungsweise im Evakostüm am Ufer zu liegen. Die kulturellen Hindernisse scheinen dabei noch schwerer zu überwinden als jene der erdölfreien Strandbekleidung.

Es kann sich also nur um eine Frage der Zeit handeln, bis wir die neueste Ökofaser-Bademode nicht nur bei vereinzelten Start-Ups, sondern auch im Kaufhaus finden. Zeit dafür wäre es allemal. Ob bis dahin meine nächsten Schwimmshorts aus Merinowolle sein werden, schließe ich daher nicht aus.

Fazit. *Während der Großteil der Industrie noch fast ausschließlich auf Produkte aus Kunststoff setzt, gibt es einen kleinen Prozentsatz, der beim Badesport auf nachhaltige Produkte setzt. Der Großteil davon basiert jedoch auch auf Recycling von Erdölprodukten, anstatt ohne diese auszukommen. Nur vereinzelte Marken stellen Bademode aus nachwachsenden Rohstoffen her.*

AM FITNESS-TELLER

Sport ist generell ein heikles Thema, was den Materialaufwand anbelangt. Besonders im internationalen Spitzenfeld werden Unsummen ausgegeben, um mittels neuester Technologien bessere Ergebnisse zu erzielen oder um regelmäßig neue Fanartikel zu verkaufen.

Wenn dieses Buch erscheint, sind die Olympischen Sommerspiele von Tokio schon vorüber. Als jemand, der immer wieder neue Sportarten ausprobiert und solche Events gerne mitverfolgt, nehme ich dieses anstehende Großereignis zum Anlass, zu hinterfragen, wie sehr die eine oder andere Sportart auf erdölbasierte Produkte angewiesen ist.

Beginnen wir bei den Disziplinen im Schwimmbecken. Ich bin gerne bereit, mich überraschen zu lassen, aber höchstwahrscheinlich wird kein Team seine Synchronschwimmerinnen in Uniformen aus Animal-Cruelty-Free-Merinowolle aufmarschieren lassen. Auch bei den Schwimmern oder Wasserball-Nationalmannschaften halte ich es für unwahrscheinlich. Schließlich bietet eigens auf Hydrodynamik ausgelegter Kunststoff den geringsten Widerstand im Wasser. Da der 1896 von Pierre de Coubertin zur Wiedereinführung der Olympischen Spiele geprägte Gedanke »Dabei sein ist alles« längst dem finanziell motivierten »Gewinnen ist alles, schließlich geht es hier um Werbung« sowie patriotischen Propagandazwecken gewichen ist, hat Leistung Priorität.

Sogar die bunten Abgrenzungen des Spielfeldes oder der Bahnen im Schwimmbecken bestehen im Normalfall aus auf einer Leine aufgefädelten faustgroßen Bojen aus Plastik. Beim Wasserball kommen außerdem Tore mit Netz sowie ein Ball aus Kunststoff zum Einsatz. Auch Schwimmbrillen sind aus synthetischen Materialien und oft noch mit einer durchsichtigen Schicht Teflon versehen. Lediglich bei den Badehauben gibt es eine größere Auswahl abseits der Erdölprodukte. Latex und Naturkautschuk wären zwei Alternativen. In Summe gesehen ist bei den Wasserdisziplinen vermutlich das Turmspringen am wenigsten abhängig von petrochemischen Produkten. Einerseits ist die Bekleidung der Damen und Herren am spärlichsten vorhanden, andererseits benötigen sie weder Schwimmbrille noch Badehaube. Selbst ihre Sportgeräte, der Sprungturm und das Sprungbrett, bestehen für gewöhnlich aus Metall.

Traditionelle Kampfsportarten wie Judo, Karate oder Taekwondo haben den Vorteil, dass ihre Trainingskleidung sowie die Gürtel problemlos ohne den Einsatz von synthetischen Stoffen hergestellt werden können. Für Training und Wettkampf kommt aber wiederum Zubehör zum Einsatz, bei dem die Sache anders aussieht. Sowohl Helm als auch Protektoren bestehen heutzutage großteils aus Kunststoff. Das gleiche gilt für Matten und Schlagpolster. Auch wenn vor allem letztere oft mit Leder überzogen sind, wird in den meisten Fällen eher Kunstleder verwendet.

Besonders relevant ist Plastik in der Sportwelt dann, wenn es einen signifikanten Unterschied bei der Leistung ausmacht. Sieht man vom Schuhwerk ab, ist auch bei anderen Sportgeräten die Kombination aus Leichtigkeit und Robustheit sehr gefragt. Ein moderner Tennisschläger ist dank eigens dafür entwickelter Kunststoffe nicht nur strapazierfähiger und agiler in der Handhabung als ältere Modelle. Auch Features wie innovative Bespannung können beispielsweise für verringerte Vibrationen beim Ballschlagen sorgen und somit im Laufe eines langen Spiels weniger an den Kräften der Spieler zehren. Dabei entsteht natürlich ein gewisser Interessenkonflikt. Dominic Thiem, aktuell einer der besten Tennisspieler der Welt, wäre aus sportlicher Hinsicht dumm, nicht jenes leistungsfähige Material zu verwenden, das ihm seine Siegeschancen maximiert. Deshalb darf der österreichische Sportler des Jahres 2020, um auf Topniveau mithalten zu können, neben der nötigen Disziplin im Training auch bei der Instandhaltung seiner Schläger nicht nachgeben. Dazu gehört laufende Neubespannung mehrerer Rackets. Der größte Materialverschleiß beim Tennis passiert aber zweifelsohne bei den Bällen.

Jährlich werden weltweit über dreihundert Millionen Tennisbälle hergestellt, von denen ein Großteil auch wieder in den Entsorgungscontainern landet. Der biologisch nicht abbaubare Gummi in ihrem Inneren besteht zwar nicht aus Plastik, die gelbe Filzschicht ist allerdings meist eine Mischung aus Wolle und Nylonfaser. Druckbälle kommen außerdem meist zu drei oder vier Stück in versiegelten Dosen auf den Markt, um nicht an Innendruck zu verlieren. Sobald sie an der Luft sind und bespielt werden, geht dementsprechend der Druck um einiges schneller verloren und der Verschleiß ist deutlich höher als bei drucklosen Bällen. Es fallen also nicht nur hunderte Millionen Bälle, sondern ebenso unzählige Dosen aus Blech oder Plastik an, die entsorgt werden müssen. Wenigstens gibt es normalerweise bei Tennisvereinen Sammelbehälter, sodass der angefallene Berg an verbrauchten Sportmitteln zumindest teilweise recycelt werden kann. So findet sich so mancher Ball im Belag eines Tennisplatzes wieder, während seine Nachfolger unermüdlich darauf hin und her gedroschen werden.

Verlegen wir das Spielfeld auf eine kleinere Fläche und schauen uns Tischtennis an. Der Tisch besteht mit Ausnahme des Netzes und des Belags meist nicht aus Kunststoff, sondern aus Metall. Auch die Schläger bestehen großteils aus Holz und zu geringen Teilen aus Gummi, wobei im Internet erdölfreie Schläger zu finden sind. Anders sieht es bei den Bällen aus. Hier kamen bis vor kurzem fast ausschließlich Bälle aus Zelluloid zum Einsatz. Diese wurden aufgrund ihrer Brennbarkeit seither von Plastikbällen abgelöst. Da aber erst seit der Saison 2014/2015 offizielle Turniere den Plastikball als Standard einführten, ist es eher unwahrscheinlich, dass dieser bald durch einen Nachfolger aus nachwachsenden Rohstoffen ersetzt wird. Wünschenswert wäre es dennoch.

Nachdem ich in letzter Zeit hin und wieder im Park Tischtennis gespielt hatte, war es wieder einmal an der Zeit für eine E-Mail. Diesmal an die ITTF, die *International Table Tennis Federation* mit Sitz in Lausanne in der Schweiz. Sollte diese E-Mail tatsächlich jemand mit Entscheidungskraft lesen, hoffe ich, sie nehmen deren Inhalt trotz meiner Verwechslung der Worte immanent und imminent ernst. Zu sehr war ich beim Verfassen der englischen Original-Nachricht darauf konzentriert, keine fragwürdigen Formulierungen mit dem Wort »balls« zu fabrizieren.

Liebe ITTF,

Besteht die Möglichkeit, dass die ITTF wieder von Plastikbällen absieht und auf Bälle aus erneuerbaren Rohstoffen wechselt? Ich frage nicht aus (spiel-)technischen Gründen, sondern aufgrund der immanenten Bedrohung durch erdölbasierte Produkte, die sowohl Mikroplastik als auch mehr Müll im Allgemeinen verursachen. Da Sport wichtig für unsere physische und mentale Gesundheit ist, wäre es toll, zu sehen, dass Sie mit ihren Entscheidungen darüber, was der Standard ist, möglichst bald nachhaltiges Material unterstützen.

Danke für Ihr Verständnis,

Mit besten Grüßen
Nikolaus Nagl, MA

Ein interessanter Vertreter bei den Sportarten, die Schläger, Ball und Netz involvieren, ist Badminton. Bei dieser olympischen Disziplin kommen zwar im Hobbybereich meist Bälle mit Kunststofffedern zum Einsatz, was in erster Linie auf die niedrigeren Kosten zurückzuführen ist. Im Profibereich jedoch besteht das konische Geschoss meist aus echten Enten- oder Gänsefedern auf einer Korkspitze.

Als vergleichsweise sparsam kommt bei all den Sportarten die Leichtathletik weg. Sobald Dressen und Schuhe aus nachwachsenden Materialien ohne kompetitiven Nachteil markttauglich sind, ist die zur Ausübung notwendige Ausrüstung abgedeckt. Das Praktische daran ist, dass davon nicht nur die Leichtathletik, sondern gleich eine Vielzahl an Sportarten profitieren würden. Mit plastikfreien Laufschuhen für Profis werden auch Fußballschuhe oder Hallenschuhe verfügbar sein. Zu erwähnen ist vielleicht noch der Bodenbelag. Oft in dunklem Orange gehalten, besteht dieser heutzutage meist aus recyceltem Kunststoff und hat in vielen Fällen die Aschebahn ersetzt. Wenn auch besonders ältere Kunststoffböden aufgrund der Freisetzung von Schadstoffen regelmäßig ausgetauscht werden müssen, bei Asche- oder Sandplätzen verhielt es sich nicht anders.

SPORTLERNAHRUNG

Wie sollen wir also mit Sportarten weiterhin umgehen? Sollen besonders materialintensiven Sportarten wie Segeln oder Surfen strengere Umweltstandards auferlegt werden? Sicher eine Überlegung wert. Auch Skifahren umfasst in seinem Gesamtpaket angefangen bei der Ausrüstung bis hin zu Liftbetrieb, Anreise und Präparierung der Pisten Unmengen an Anwendungsfällen für Erdölprodukte. Während bei anderen Sportarten wie Fußball oder Basketball jedoch meist nur der Profisport einen besonders hohen Verbrauch von Mineralöl aufweist, sind beim Skifahren die genannten Punkte auch für Hobbysportler relevant.

Was sich jedoch universell sagen lassen kann, ist, dass Massenveranstaltungen ein Hauptfaktor für die Erzeugung von Artikeln sind, die nicht von langer Lebensdauer sind. Abgesehen davon, dass all die Reisekilometer von Athleten und Zuschauern beachtliche Mengen an Treibstoff verbrauchen und auch die gastronomische Versorgung vor Ort in den seltensten Fällen plastikfrei vonstattengeht, wird auch für die Ausrüstung und Kleidung der Sportler Kunststoff verarbeitet.

Selbstverständlich gibt es auch sonst Trainingsmittel oder Systeme zur Zeitmessung aus Synthetikmaterial, doch diese werden in der Regel länger eingesetzt als beispielsweise die Trikots von Nationalteams, die speziell für ein Event designt wurden. Hinzu kommen dann noch Flaggen, Hüte und sonstiger Firlefanz.

Die Problematik im Profisport ist immer dieselbe. Der Geist der Kompetitivität in Kombination mit Prestige und den Geldern, die dahinterstecken, führt dazu, dass der Druck zu gewinnen besonders hoch ist. Während Kompetitivität an sich hilfreich am Weg der Selbstverbesserung ist, führen politische und wirtschaftliche Komponenten dazu, dass der Spaß am Sport oftmals in den Hintergrund verdrängt wird. Nicht von ungefähr kommt es, dass Fans eines Sportklubs diesen geradezu religiös zelebrieren, indem sie bereit dazu sind, für Kleidungsstücke mit einem Emblem darauf das Hundertfache von deren Wert zu zahlen und sich mit den Anhängern eines anderen Vereins wegen eines Spielergebnisses zu prügeln.

Soll man nun Tennis oder Profisport im Allgemeinen einfach verbieten? Vermutlich nicht. Wir sind als Menschen kinästhetische sowie kompetitive Wesen und da macht es einfach Spaß, dabei zuzusehen, wie andere in ihrer Sportart Perfektion anstreben. Fest steht aber, dass ausübende Spitzensportler sowie Veranstalter ein Bewusstsein dafür an den Tag legen müssen, wie überproportional viele Ressourcen sie verbrauchen. Dabei ist es besonders wichtig, möglichst bald von erdölbasierten Produkten wegzukommen. Dementsprechend liegt es an großen Sportartikelherstellern, Initiative zu ergreifen und zu investieren. Denn wenn einmal Werbekampagnen mit dem Gesicht eines Profis für nachhaltige Sportartikel werben und diese bei Turnieren durch eine solide Performance überzeugen, dann orientiert sich letztlich auch das Publikum danach.

Immerhin ist es ein gutes Zeichen, dass jemand wie Dominic Thiem die Stimme, die ihm sein Erfolg als Sportler gegeben hat, auch nutzt, um Organisationen

wie *4ocean* zu unterstützen. Zumal es, wenn ernst gemeint, seiner Popularität mit Sicherheit keinen Abbruch
tun wird.

Fazit. *Sport wird ab einem bestimmten Level sehr leistungs-
orientiert betrieben. Als Individuen ohne olympische Am-
bitionen können wir die Entwicklung von Sportarten allerdings auch mitgestalten. Zum Beispiel durch Innovationen
und deren Verbreitung über Social Media. Wenn sich auch
noch internationale Stars vermehrt für nachhaltigere Ausrüstung im Spitzensport einsetzen, dann kommt der Stein
vielleicht ins Rollen.*

SEHR TRENDIG...

*Als begeisterter Hobbysportler komme ich meist nicht umhin,
Plastikprodukte für meine physische und psychische Gesundheit zu verwenden. Aber ich habe mir eine Taktik zugelegt, um
den Markt zumindest ein bisschen unter Druck zu setzen und
zu beeinflussen.*

»Wenn die Welt untergeht, dann ziehe ich nach Wien! Dort
passiert alles fünfzig Jahre später«, soll Gustav Mahler einmal gesagt haben. Ob diese Zeitverschiebung immer noch
fünf Jahrzehnte beträgt, darüber lässt sich, dank des Internets, streiten.

Seit etwa zwei bis drei Jahren entwickelt sich nämlich langsam auch in der Donaumetropole eine neue Sportart zum Trend, die zunächst hauptsächlich an amerikanischen Universitäten populär wurde. Von dort aus hat sie ihren Weg auch auf andere Kontinente gefunden und begeistert Neulinge und Profis gleichermaßen. Mittlerweile sollte sogar selbst in Österreich kaum eine tagaktive Person um die Frage gekommen sein, was es damit auf sich hat. Schließlich wimmelt es, sobald die Sonne ein paar Strahlen abgibt, auf nahezu jeder Grünfläche von kleinen trampolinförmigen Netzen, um die herum meist bunt gekleidete Spieler jeglichen Geschlechts einander knallgelbe Bälle zuspielen.

Roundnet heißt das neue Phänomen und wird meist, nach dem Namen des größten Herstellers für Zubehör, »Spikeball« genannt. Dabei handelt es sich um eine Art Abwandlung von Beachvolleyball, die irgendwie auch an Tischtennis erinnert und überall hin mitgenommen werden kann. Eine freundliche, zuvorkommende Community organisiert regelmäßig um den ganzen Globus verteilt Trainings, Treffen und Turniere. Auch als ich die Homepage von »Spikeball« besuche, weht mir gleich der virtuelle Wind von Outdoor-Spaß, Geselligkeit und Jugend entgegen und ich muss unweigerlich an den letzten Sommer denken, als ich mit meinem besten Freund Moritz erstmals bei einem Roundnet-Turnier teilgenommen habe. Unsere Endplatzierung als Gelegenheitsspieler war zwar eher mittelprächtig, dafür reich an Endorphinen. Einziger Haken an der Sportart ist: Sämtliche Bestandteile des Netzes sowie der Spielball bestehen aus synthetischem Kunststoff.

Eine Kernkomponente des Spiels ist es, sich mit Freunden und bis dahin unbekannten Leuten zum Spielen zu verabreden. Dafür gibt es sogar eine »Spikeball«-App. Das Spielset kann problemlos im Rucksack mitgenommen und dann vor Ort aufgebaut werden. Da macht es natürlich Sinn, dass die Einzelteile neben der notwendigen Robustheit auch nicht allzu schwer oder sperrig sind. Was spricht jedoch dagegen, das Gestell aus nachwachsenden Rohstoffen oder zumindest frei von Plastik zu gestalten? Auch für das Netz gäbe es genügend Alternativen. Dementsprechend habe ich es mir wieder zur Aufgabe gemacht, eine E-Mail an die in Illinois ansässige Zentrale von »Spikeball« zu schicken. Mein zweiter Versuch, schriftlich einen Hersteller zu erreichen, nachdem mein letztes Unterfangen dieser Art bis dato unbeantwortet geblieben ist.

Falls Sie sich jetzt denken: »Wie schrecklich, der schreibt bestimmt auch Leserbriefe«, so kann ich Sie guten Gewissens beruhigen. Ich habe in meinem Leben noch keinen Leserbrief verfasst. Ich besitze nicht einmal einen Account im Kolosseum des verbalen Hick-Hacks, dem »Standard-Forum« (Online-Forum einer österreichischen Tageszeitung). Schließlich geht doch nichts über gepflegte konstruktive Kritik. Jedenfalls hoffe ich, mit meiner Nachricht den Spirit des sportlichen US-Startups getroffen zu haben:

Liebes Team von Spikeball,

Zuallererst möchte ich mich bei Ihnen bedanken, so ein fesselndes Spiel kreiert zu haben. Ich bin Autor und Kabarettist aus Wien in Österreich und schreibe gerade über Nachhaltigkeit. Über die letzten beiden Jahre hat sich Roundnet zu einer meiner Lieblingssportarten entwickelt.

Eine Sache könnte daran meiner Meinung nach noch verbessert werden. Sämtliche Komponenten eines Sets bestehen aus synthetischen Materialien auf Erdölbasis. Da Mikroplastik mittlerweile sowohl im Trinkwasser als auch in der Luft an den entlegensten Orten in hoher Dichte vorgefunden werden kann, bitte ich Sie, eine Produktion ohne fossile Erzeugnisse zu erwägen. Andere Optionen wie etwa die Verwendung von nachwachsenden Rohstoffen wie Holzfaser gibt es zur Genüge.

Ich schreibe Ihnen, weil Ihre Firma den Anschein macht, sowohl Innovation als auch ein gesundes Leben an der frischen Luft zu fördern. Als der wichtigste Hersteller, der auch an der Entwicklung des Sportes maßgeblich beteiligt ist, könnten Sie mit der Herstellung von plastikfreier Ausrüstung einen Eindruck in der gesamten Sportwelt machen. Außerdem denke ich, dass dies nicht nur bei Ihrer Zielgruppe Anklang finden würde, sondern auch beim Olympischen Komitee für die Aufnahme von Spikeball als [Olympische] Disziplin.

Danke fürs Lesen & die tolle Arbeit,
Mit freundlichen Grüßen
Nikolaus Nagl

Die Hoffnung auf eine Antwort hiermit war nach meinem Abblitzen beim Stiftehersteller etwas getrübt. Aber siehe da, drei Tage später hatte ich schon eine E-Mail vom »Spikeball«-Kundenservice in meinem Posteingang.

Hey Nikolaus,

Danke fürs In-Kontakt-Treten und die umsichtige Nachricht. Wir begrüßen deine Leidenschaft für Nachhaltigkeit und Innovation. Die Themen, die du aufgebracht hast, sind definitiv auf unserem Radar und sind Initiativen, denen wir zustimmen und die wichtig sind, zu bereden und zu überlegen. Ich werde deinen Hinweis weiterleiten.

Danke fürs Teilen!
Mach's gut!

Selbstverständlich kann man diese Nachricht als höflich formuliertes Abwimmeln zur Wahrung des öffentlichen Images abtun. Es sei aber auch erwähnt, dass eine Angestellte im Kundenservice in der Regel keine Befugnisse über derartige Entscheidungen innehat. Ich werte die Tatsache, dass ich überhaupt so rasch eine Antwort erhalten habe, allerdings schon als positives Zeichen, da bei besagter Sportart die Hersteller sehr gut mit der Spielercommunity vernetzt zu sein scheinen. Sollten von dieser Seite weitere Impulse kommen, hätte das sicherlich auch einen positiven Effekt auf die wirtschaftlichen Entscheidungen der Branche. Wir können aber auch nicht die Tatsache vernachlässigen, dass selbst im Best-Case-Szenario einer Umstellung auf komplett nachhaltiges Zubehör nicht alles von heute auf morgen stattfinden kann. Durchaus realistisch kann ich mir eine Produktion, vollständig auf recyceltem Material basierend, vorstellen, bevor nachwachsende Rohstoffe ein Thema sind. Denn die marktreife Entwicklung des Produkts in Kombination mit einer Umstellung von zugehöriger Logistik braucht realistischerweise mindestens ein paar Jahre. Bis dahin heißt es wohl »Abwarten und Ball spielen«.

In diesem Sinne, genug der Mutmaßungen. Falls Sie sich anschließen und eine E-Mail an Sportartikelhersteller schreiben oder gar selbst erdölfreie Alternativen herstellen wollen, bin ich Ihnen dankbar. Wenn Sie diese teilen wollen, dann können Sie gerne einen Tweet unter dem Hashtag #dinodietsport verfassen.

Fazit. *Durch Eigeninitiative können wir auch auf Hersteller Einfluss nehmen. Natürlich werden diese im Regelfall von Verkaufszahlen getrieben und kümmern sich wenig um einzelne Rückmeldungen. Sobald aber viele Stimmen laut werden, schwenken die meisten Firmen, für die das Thema relevant ist, zumindest ein bisschen mit ihrem Kurs ein.*

DARAUF STEHT JEDER!

Der Aufschwung von Breitensport im letzten Jahrhundert hat auch zur Entwicklung von adäquatem Schuhwerk beigetragen. Unter Anbetracht der Materialien, die seither entstanden sind, frage ich mich: Ist es überhaupt noch möglich, auch Sportschuhe ohne Kunststoffanteil zu erstehen?

Heute scheint zwar die Sonne, die Außentemperaturen bewegen sich aber dennoch in der Nähe des Nullpunktes. Ich treffe mich mit Freunden aus meiner Schulzeit zum Tischtennis-Spielen und ziehe zögerlich meine Schuhe an. Weil ich fast jeden Tag unter freiem Himmel Sport mache, trage ich in der kalten Jahreszeit normalerweise wärmere Laufschuhe. Heute ist das nicht der Fall und ich habe keine Wahl, als zu den luftigen Sommerschuhen zu greifen. First World Problem. Das wettertechnisch robustere Paar steht noch im Vorzimmer und wartet auf seine Entsorgung. Es ist bereits so abgenutzt, dass auf der Innenseite zwischen Sohle und Fußgewölbe ein fünfzehn Zentimeter langer Spalt klafft. Grundvoraussetzungen, welche schon das Gehen in einen Geschicklichkeitstest verwandeln und bei denen das Laufen bei erschwerten Wetterbedingungen zu einem waghalsigen Unterfangen wird. Ich mache die exzessive Salzstreuung im Winter dafür verantwortlich, dass das Material nicht länger gehalten hat und jetzt irreparabel ist. An vielen Wintertagen bedeckt das Streusalz den Asphalt mit bleichen Flecken. Etwas, das der spärliche urbane Schneefall nur äußerst selten zu überbieten vermag. Weil ich noch eine halbe Stunde Zeit habe, bis ich das Haus verlassen muss, suche ich im Internet nach plastikfreien Laufschuhen.

Es gibt eine Vielzahl an Onlineshops, die sich auf die Herstellung von nachhaltigem Schuhwerk spezialisieren. Besonders erwähnenswert sind hierbei die Marken *Doghammer* und *Waldviertler* aus dem deutschsprachigen Raum, die auch lokal in einigen Geschäften verfügbar sind. Während der Markt für nachhaltige Sneaker und Freizeitschuhe deutlich mehr Vielfalt aufweist, ist der Markt für nachhaltige Sportschuhe recht beschränkt. Da ist es schon erbaulich, zu sehen, wenn bei großen Herstellern wie *Nike* oder *Adidas* zumindest der Trend in Richtung recyceltes Schuhwerk geht.

Sportschuhe, die komplett frei von erdölbasierten Kunststoffen sind, finde ich zwar keine, dafür haben viele Firmen Modelle, die ausschließlich aus recycelten Komponenten bestehen. Auch natürliche Materialien von Hanffaser über Kork bis hin zu veganem Leder tauchen immer wieder auf. Die Anschaffungskosten für so ein Paar liegen eher selten unter hundert Euro. Ich durchforste seit Tagen schon die Sortimente von vermeintlich nachhaltigen Sportschuh-Onlineshops, um ein passendes Paar zu finden. Besonders ins Auge springt mir eine japanische Herstellerfirma, die mit Preisen am günstigeren Ende des Spektrums aufweisen kann. Hinzu kommt noch, dass sie nahezu plastikfreie Modelle hat. Stattdessen werden Segeltuch, natürlicher Latex und Kork verwendet. *Po-Zu* heißt dieses innovative Unternehmen und ist bereits mit einem internationalen

Nachhaltigkeitspreis ausgezeichnet worden. Für mich wartet auf der Seite leider eine kleine Enttäuschung. Der Sportschuh, den ich bestellen wollte, ist ausverkauft. Spricht wohl für die Qualität der Treter.

Aber es braucht nicht lange und ich werde wieder fündig. Diesmal handelt es sich um »Wool Runners«. Laufschuhe aus Merinowolle mit recycelter Gummisohle. Dass diese und ihre Zutaten um den halben Planeten reisen müssten, um bei mir zu landen, ist klar. Ist es das wert, dass sie dafür nahezu kein Mikroplastik abgeben können? Eine unbegründete Sorge. Wie sich herausstellt, gibt es sogar einen österreichischen Hersteller von Merinowoll-Laufschuhen namens *Giesswein*. Zu meinem Pech sind die geländetauglichen Modelle in meiner Größe wieder nicht verfügbar und ich überlege, ob eines von den anderen seinen Zweck auch erfüllt. Der kleine Abenteurer auf meiner linken Schulter will mich nicht zum ersten Mal zu einer hastigen Entscheidung drängen. Geht vielleicht eine Nummer kleiner? Ein Bonus wäre, dass mir das Material erlaubt, sie ohne Socken anzuziehen. Ich bin noch skeptisch. Schließlich will ich sie ja auch im Winter tragen und keine Blasen bekommen. Weil ich es mit dieser Entscheidung aber nicht eilig habe, beschließe ich, vorerst eine Nacht darüber zu schlafen, und stöbere noch weiter auf der Firmenhomepage des Tiroler Unternehmens.

Was mache ich mit meinen alten Schuhen? Ungefähr sechshundert Millionen Paar Schuhe werden alleine in Deutschland jährlich ausgemistet. Das sind pro Einwohner mehr als ein Paar alle zwei Monate. Solange sie noch tragbar sind, sind Verschenken, Verkauf oder Spenden gute Optionen. Auch wenn letzteres gewisse Risiken für die Schuhindustrie in ärmeren Ländern birgt. Aber was tun, wenn sie kaputt und irreparabel sind? Um sie recyceln zu können, gibt es in manchen Geschäften Schuhsammelcontainer. Schließlich wäre es schade, wenn hochwertiges Material verbrannt oder zu Dämmmaterial gedowncycelt würde. Auch so manche Online-Plattform sammelt altes Schuhwerk, um daraus beispielsweise Granulat für neue Sohlen herzustellen.

Bevor ich meine Entscheidung fälle, will ich noch einmal ein paar lokale Läden abklappern. Als ich das Haus verlasse, habe ich noch keine Ahnung, für welches Modell ich mich entscheiden werde. Nach dem Besuch mehrerer Geschäfte auf der Suche nach wetterbeständigen Laufschuhen will ich aber nicht mehr länger warten. In einigen Läden, selbst solchen, die dezidiert auf Sportbekleidung ausgerichtet waren und für unterschiedliche Sportarten ganze Fachabteilungen hatten, sorgte die Frage nach nachhaltigen Schuhen für fragende oder bemitleidende Gesichtsausdrücke.

Ich war generell noch nie ein Fan davon, Kleidung im Internet zu bestellen. Nicht nur, weil das Hin- und Herschicken immer wieder zu Komplikationen führen kann, wenn die Ware nicht passt, sondern auch weil lokale Geschäfte darunter leiden. Da es allerdings an nachhaltigen heimischen Alternativen mangelt, habe ich den Schritt gewagt und mir heute online ein Paar Laufschuhe bestellt. Mit einer Sohle, die zum Teil aus Zuckerrohr besteht, einem Aufbau aus Eukalyptusfaser und einer Fütterung aus

Merinowolle sind sie zum Großteil wieder aus nachwachsenden Rohstoffen verarbeitet. Den geringen Synthetikanteil machen ausschließlich Komponenten aus recycelten Kunststoffen aus. Wenn dieses Schuhwerk vom Hersteller Allbirds ankommt, dann kann ich endlich grünen Fußes meine Runden ziehen. Hoffentlich passt die Größe auch, denn Blasen an den Fersen tun nicht minder weh, nur weil ihre Verursacher nahezu erdölfrei sind.

Fazit. *Nehmen wir lokale Schuh- oder Sportgeschäfte unter die Lupe, dann weist deren Sortiment in den meisten Fällen kaum Sportschuhe auf, die nicht aus Kunststoff bestehen. Auch der recycelte Anteil davon ist verschwindend gering. Dennoch sei angemerkt, dass Schuhe schon eine eher größere Investition sind, weshalb sich der Aufwand lohnt, in ein Geschäft zu gehen, das auf nachhaltige Herstellung ausgelegt ist. Auch die zunehmende Verlagerung in den Onlinehandel ist in dem Fall positiv zu erwähnen, weil sie Modelle aus recycelten oder biologisch abbaubaren Rohstoffen konkurrenzfähiger macht. Der Trend geht also in die richtige Richtung und auch große Hersteller wie Nike springen darauf auf. Adidas hat sogar kürzlich einen biologisch abbaubaren Schuh-Prototypen aus Spinnenseide präsentiert. Jetzt bleibt zu hoffen, dass die menschliche Innovation in den nächsten Jahren weiterhin liefert und solche Produkte zur Norm werden. Denn bei jedem Schritt zu wissen, dass der Fußabdruck erdölfrei ist, hat auch innerlich etwas Befreiendes.*

IM ÖLMANTEL

Wenn ich schwere Wolken am Himmel sehe, nehme ich mir eine Regenjacke mit und auch die sich immer größerer Beliebtheit erfreuende Outdoor-Bekleidung besteht meist aus synthetischen Materialien. Ist Funktionskleidung aus Kunststoff auch im Alltag zum unersetzlichen Gut geworden?

Ich erinnere mich an mein vor einigen Jahren in Südkorea verbrachtes Auslandssemester. Von den Eindrücken der Metropole Seoul anfangs komplett überwältigt, brauchte ich eine Weile, um mich einzuleben. Obwohl ich mich bald sehr gut an die neue Umgebung gewöhnt hatte, gab es immer wieder unscheinbare Elemente im Alltag, die mir besonders auffielen. Eines dieser Details war die Wanderkleidung von Koreanerinnen mittleren Alters.

Als die sibirische Winterkälte dem Frühling Platz machte und die Kirschblüte ihre Magie ausübte, stellte sich auch die Bevölkerung auf die milderen Temperaturen ein. Schlagartig waren auf jedem noch so kleinen Hügel Wandergruppen zu sehen, die ihre Liebe zum Spazierengehen durch das Tragen unverhältnismäßig professionell aussehender Bergsteigerkluft zum Ausdruck brachten. Neben diversen Accessoires stachen die Farben der Outdoor-Jacken ins Auge. Besonders bei der Damenwelt waren knallige Pink-, Lila-, Orange- oder Türkistöne derart häufig vertreten, dass ich bei Ausflügen schon im Vorhinein mit mir selbst wettete, welcher Uniform ich an jenem Tag am häufigsten begegnen würde.

Nichtsdestotrotz hat eine robuste Regenkleidung in Korea durchaus ihre Berechtigung. Besonders in den wärmeren Monaten herrscht oft eine nahezu unerträgliche Luftfeuchtigkeit und plötzliche Gewitter verwandeln so manche Straße binnen weniger Minuten in einen Sturzbach. Noch heute muss ich regelmäßig an die urbanen Sintfluten Ostasiens denken, wenn ich hierzulande meine Regenjacke anziehe, um mich gegen weitaus weniger motivierten Niederschlag zu schützen.

Aber woraus besteht eigentlich so eine Regenjacke, dass sie die Tropfen abweist und sich nicht vollsaugt? Die Antwort wird Ihnen bestimmt schon auf der Zunge liegen. Schließlich fangen viele Stoffe bei Kontakt mit viel Wasser sofort an zu triefen und sogar Leder wird mit der Zeit feucht und schwer. Da bleibt nur noch Kunststoff übrig.

Die meisten herkömmlichen Regenjacken bestehen aus erdölbasierten Materialien oder sind auch noch mit gesundheitsschädlichen Chemikalien imprägniert. Gängig sind hierbei die sogenannten PFC (perfluorierte und polyfluorierte Chemikalien), die sich sowohl in der Umwelt als auch im Blut anhäufen und kaum abbaubar sind. Da frage ich mich, was die Alternative ist. Wie sind die Leute vor über hundert Jahren gereist? Waren sie einfach so hart, dass ihnen der wildeste Regen nichts ausgemacht hat, oder waren sie so schlau und naturverbunden, dass sie sich an das Wetter angepasst haben? Möglich. Weil zu jener Zeit große Strecken zu Fuß, zu Pferd oder mit dem Schiff zurückgelegt wurden, muss es doch auch dementsprechende Kleidung gegeben haben.

Eine kurze Recherche beweist: Es gab sie und sie erfreut sich zunehmender Beliebtheit. »Oilskin«, auf Deutsch »Ölzeug«, wird wetterfeste Kleidung genannt, die insbesondere bei Seeleuten regelmäßig im Einsatz war. Es handelt sich um Stoff aus Leinen oder Baumwolle, der mit speziellem Wachs bearbeitet und somit wasserabweisend wird. Klingt paradox, wenn man nach erdölfreier Regenkleidung sucht und dann der Name den Begriff »Öl« enthält, aber in diesem Fall handelt es sich um das pflanzliche Leinöl.

Während diese Art der Regenkleidung im zwanzigsten Jahrhundert zugunsten von Outdoorbekleidung auf Mineralölbasis von der globalen Bildfläche verschwand, hielt sie sich in Australien besonders als Arbeitsuniform für Farmer und Viehhirten. Auch wenn heute wieder mehrere Firmen Ölzeug herstellen, ist es daher nicht verwunderlich, dass Oilskin mit australischen Marken assoziiert wird. Da ich mir immer schon eine etwas wärmere Regenjacke zulegen wollte, betrieb ich letzte Woche auch gleich etwas Nachforschung, aber ein Preisniveau von zwei- bis vierhundert Euro verringerte die Dringlichkeit einer derartigen Besorgung.

Dennoch kann ich Ihnen eine Geschichte zu diesem Thema nicht vorenthalten. Nachdem ich mir eine australische Oilskin-Regenjacke auf meine Wunschliste für unbestimmte Zeit gesetzt hatte, brach ich zu Mittag auf, um meine Eltern zu besuchen. Es war zwar unter der Woche, aber zum Geburtstag der Mutter findet sich dann und wann auch der Nachwuchs auch aus den hintersten Winkeln der Weltgeschichte ein. So aßen wir uns durch bis zur Torte und während meine Mutter die Geschenke öffnete, erzählte ich von den alternativen Formen der Regenbekleidung, über die ich am Vormittag gelesen hatte. Auf einmal vernahm ich den vorwurfsvollen Blick meines Vaters und ehe ich mich versah, kam unter dem Geschenkpapier eine Oilskin-Jacke zum Vorschein, von deren Existenz ich nicht das geringste Detail gewusst hatte. Das war wohl wieder einer dieser Zufälle, die selbst bei hartgesottenen Atheisten den Glauben an irgendeine Form höherer universaler Macht erwecken.

Fazit. *Wetterfeste Bekleidung, die obendrein auch noch frei von Erdölprodukten ist, lässt sich nur schwer auftreiben. Da eine solche Anschaffung jedoch in der Regel viele Jahre, wenn nicht Jahrzehnte lang hält, lohnt es sich, für bessere Qualität auch einmal etwas tiefer in die Tasche zu greifen.*

HOW MUCH IS THE FISH?

Ob Sushi-Set, Shrimp-Cocktail oder Meeresfrüchte-Nudeln. Heutzutage finden wir diese Delikatessen auch weitab von Küstenregionen an jeder Ecke, sei es im Restaurant oder im Supermarkt. Doch die Industrie dahinter hat, abgesehen von Überfischung, auch noch andere verheerende Nebenwirkungen.

Innenansicht eines großen Geländewagens. Der Beifahrer hält mit dem Mund eine Actioncam fest. Das Bild wackelt, als der Jeep mitten am Strand hält. Ein karamellfarbener

Streifen von mehreren Hundert Metern Breite. Mit Ausnahme der Autoinsassen ist keine Menschenseele zu sehen. Ein paar Seemeilen vor der Küste bevölkern die Silhouetten unzähliger industrieller Fischereischiffe den Horizont. Über ihnen haben Nimbostratuswolken die Sonne mit taubengrauen Tüchern verhüllt.

Drei Männer, gekleidet in naturfarbene Outdoorjacken, steigen aus dem Auto. Sie sind barfuß. An ihren Händen befinden sich bunte, mit Protektoren versehene Handschuhe. Einer von ihnen nimmt einen riesigen Kescher von der Ladefläche des Pick-Ups und sie gehen langsam in einer halbkreisförmigen Bahn Richtung Brandung. Ihr Ziel ist eine Kolonie südafrikanischer Seebären, die sich gerade an Land ausruht und die Zweibeiner noch nicht bemerkt hat.

Plötzlich beginnen die Männer zu laufen. Im verwackelten Bild der Actioncam sehe ich, wie der nasse Sand zwischen den Zehen ihres Trägers hindurch quillt. Jeder Schritt ein Zeitraffer vom Kneten eines Lebkuchenteigs. Sobald das Herannahen der fremden Lebewesen entdeckt wird, setzt sich der Robben-Mob watschelnd in Bewegung, um in die Fluten zu flüchten. Der Mann ist nur mehr wenige Meter von den ersten Tieren entfernt, deren bellende Laute bereits sein Schnaufen übertönen. Während die Kolonie nach und nach ins Wasser hüpft, kann ein langsames, asymmetrisch hoppelndes Weibchen nicht mit ihren Artgenossen mithalten. Binnen weniger Augenblicke landet der riesige trichterförmige Kescher über ihrem Kopf. Mit jeder Bewegung bewegt sie sich weiter hinein.

Sobald nur noch die Hinterflossen herausschauen, springt der keuchende Kameraträger auf das zappelnde Tier und drückt dessen Kopf mit gekonntem Griff zu Boden. Als Begründer der Non-Profit-Organisation *Ocean Conservation Namibia* (*OCN*) hat er bereits in hunderten Einsätzen dieser Art Erfahrungen gesammelt und seine Technik optimieren können.

Den vom Netz bedeckten Körper zwischen seinen Schenkeln fixierend, redet er beruhigend auf die Robbe ein. Ihr Widerstand lässt langsam nach und die Hände seines Kollegen erscheinen vor der sandigen Linse der Kamera. Sie öffnen einen langen Zip auf der Oberseite des Keschers, wodurch der Hals der Gefangenen freigelegt wird. Ein tiefer rosa Einschnitt zeichnet ihr Fell rund um den ganzen Körper. Behutsam fährt der Tierschützer mit einem hakenförmigen Spezialmesser in die Furche. Sie zuckt. Der Fixierer versucht weiter, sie zu besänftigen. Da taucht der Haken wieder auf und eine massive Schere kommt ins Bild. Ein kurzer, kräftiger Schnitt und das Leiden des Tieres wird beendet.

Erst nachdem sie sie sorgfältig durchtrennt haben, können die Männer die verdrehte Angelschnur, in der sich die Robbe verheddert hatte, entfernen. Sowohl Hals als auch rechte Vorderflosse sind von dem reißfesten Material stark in Mitleidenschaft gezogen worden. Nach einer kurzen Inspektion der Wunden beschließen die Aktivisten, dass der Kontakt mit Meerwasser wohl am besten zur Heilung beiträgt, und lassen die sichtlich erleichterte Seebärin frei.

Zögerlich zieht sie sich zwei Meter durch den Sand, dreht einmal in Zeitlupe den Kopf in Richtung ihrer Retter und humpelt dann mit langsam aber sichtbar zurückkehrender Energie zu einem wartenden Tier, ehe die beiden in den Wellen verschwinden.

Inwiefern ist das für uns relevant? Fischereiausrüstung, hauptsächlich in Form von Netzen, ist einer der größten Bestandteile des Kunststoffmülls in den Ozeanen. Jährlich werden unzählige Netze auf See vergessen, verloren, entsorgt oder mutwillig zurückgelassen. Einer Studie des *WWF* aus dem Jahr 2020 zufolge landen jährlich zwischen einer halben Million und einer Million Tonnen Fischereiausrüstung in den Weltmeeren. Dort machen sie rein von der Masse her mehr als zehn Prozent des gesamten Plastikmülls aus. Beim großen Mllteppich im nördlichen Pazifik, der sich über eine Fläche ausbreitet, die etwa so groß ist wie ein Drittel der EU, stellen alte Fischernetze sogar über ein Drittel der Gesamtmasse.

Abgesehen davon, dass es sich hierbei um eine ungeheure Menge handelt, sind besonders ihre Eigenschaften tragisch für die maritime Fauna. Schließlich sind die Netze darauf ausgelegt, möglichst große Flächen abzudecken. Hinzu kommt noch, dass die meisten Exemplare im Gegensatz zu früher, als man noch häufiger Seile und andere Naturmaterialien verwendete, heute fast ausschließlich aus Kunststoff bestehen.

Eigens für den Fischfang entwickelte synthetische Erzeugnisse sind nicht nur so reißfest, dass sie zum Teil auch für schusssichere Westen eingesetzt werden, sie sind auch im Wasser nahezu unsichtbar. Wenn diese herrenlosen Netze in den Strömungen des Ozeans nun umhertreiben, verrichten sie dennoch ihre Arbeit. Sie fangen Tiere. Ein Effekt, der international als »Ghost Fishing« einen unrühmlichen Namen gemacht hat. Hunderttausende Lebewesen von Robben über Meeresschildkröten, Delfine und Haie bis hin zu Walen fallen jährlich zum Opfer, indem sie sich in den Schlingen verheddern. Auch so mancher Taucher traut sich deshalb ausschließlich mit Messer ins Wasser. Ist das Netz dann einmal voll mit Tierkadavern, sinkt es hinab zum Meeresgrund. Dort verwerten Krabben die Überreste, bis das Netz, von der traurigen Last seiner Reise befreit, wieder emporsteigt und der unheilvolle Kreislauf von Neuem beginnt. Landet es einmal in einem Müllteppich, hält es diesen durch seine Länge und Reißfestigkeit zusammen, wodurch sich mehr und mehr entsorgte Güter ansammeln.

Der unermüdliche Kampf von Umweltorganisationen wie der *OCN* ist lobenswert und herzergreifend, aber dennoch eine Sisyphusarbeit, wenn Jahr für Jahr mehr Fischerleinen im Ozean landen. Dementsprechend appelliert der *WWF* in seinem Report nicht nur an Fischereigesellschaften, Regierungen und die Hersteller von Ausrüstung, sondern auch an die Bevölkerung, die Stimme zu erheben. Nahe der Küste gibt es zumindest pro forma in Hafenanlagen eine Präsenz von Behörden, auf die Druck ausgeübt werden kann. Als Bewohner des Binnenlandes sind uns in vieler Hinsicht die Hände gebunden wie die Flossen einer verunfallten Schildkröte. Immerhin haben wir einmal pro Woche unseren Sushi-Mix am Tisch, dauerhaft preisreduziert, 6,80 Euro.

Dennoch, es läuft wieder aufs Konsumverhalten hinaus. Während einige Gegenden ohnehin schon industriell überfischt sind, sollte auch der Faktor der Netze bedacht werden. Das heißt jetzt nicht, dass wir komplett auf jeglichen Fischkonsum verzichten müssen. Mäßigung wäre dennoch angesagt. Etwas seltener, dafür ein möglichst lokaler Frischfang. Ich habe jedenfalls meine letzte Thunfischdose verzehrt und auch, wenn ich bisher vielleicht einmal alle zwei Monate Thunfisch aus der Dose genossen habe, so wird mir kein Übel passieren, wenn ich ihn gänzlich vermeide. Für diesen indirekten Verzicht auf Plastik wird mir auch die Robbenpopulation dankbar sein.

Um nicht gar so düster und belehrend zu enden: Es gibt auch zahlreiche Projekte, die sich mit dem Recyceln von Fischernetzen beschäftigen. Unter anderem werden auf diese Art Badekleidung sowie auch Schuhe hergestellt. Falls Sie vielleicht eine zündende Idee zur Wiederverwertung von Fischernetzen haben: Eine metrische Tonne abgenutzter Netze kostet lediglich um die hundert Euro.

Fazit. *Bei Fischen und Meeresfrüchten ist es besonders schwierig, Qualität und Fangart nachzuvollziehen. Weil auch Gütesiegel in dieser Branche oft täuschen können, ist es wichtig, den Konsum auf vertrauenswürdige Quellen zu reduzieren und möglichst regional zu halten. Günstige Meeresfische auf einer Speisekarte im Binnenland sind einfach verdächtig.*

DELIVERY

Die wichtigste Verwendung von Erdöl ist bei der Herstellung von Treibstoff. Selbst wenn ich als Person alle Wege mit dem Fahrrad oder zu Fuß zurücklege, früher oder später bin ich auf erdölbasierte Transportmittel angewiesen.

In den drei Monaten seit Jahresbeginn 2021 hatte ich den Großteil meiner Destinationen zu Fuß erreicht und den öffentlichen Nahverkehr dermaßen vernachlässigt, dass ich mehr als nur einmal mit dem Gedanken spielte, meine Öffi-Zeittickets für die Dauer der Pandemie zu kündigen.

Aber die Hoffnung stirbt ja bekanntlich zuletzt. Außerdem fährt der Effizienz versessene Geizkragen in mir dann halt doch hin und wieder eine im Grunde genommen lächerlich kurze Strecke mit der Straßenbahn, nur damit sich der Besitz einer Jahreskarte eh auszahlt. Zumindest, solange ansonsten nur wenige Leute im selben Gefährt mitfahren. Überfüllung mindert besonders in letzter Zeit den ganzen Spaß. Zu unbegreiflich sind mir jene Individuen, welche die Bedeutung des Wortes »Mund-Nasen-Schutz« bestenfalls bis zur Oberlippe verstanden haben.

Das vergangene Wochenende ist ein statistischer Ausreißer in dieser Kurzstrecken-Monotonie. »24,4 Kilogramm CO_2-Ersparnis« steht informativ auf meinem Zugticket der Österreichischen Bundesbahnen bei der Rückfahrt von Mürzzuschlag in der Steiermark nach Wien.

Wenn Sie an einem Ort leben, wo Sie alle Wege des täglichen Bedarfs zu Fuß bestreiten können oder sich gar selbst versorgen können, dann herzlichen Glückwunsch! Sie sparen nicht nur Zeit, sondern auch eine Menge an Treibstoff. Wenn Sie hingegen jeden Tag darauf angewiesen sind, mit dem Auto einen langen Weg in die Arbeit oder zur Deckung des täglichen Bedarfs an Nahrungsmitteln und dergleichen zurückzulegen, so fallen die Rechnungen von der Tankstelle ins Gewicht.

Transport ist der Punkt, bei dem der Versuch, ohne Erdöl zu leben, wohl am stärksten scheitert. Klar, in der Stadt lassen sich auch gegebenenfalls mit dem Fahrrad oder zu Fuß Besorgungen erledigen. Für aufwändigere Strecken, bei größeren Transporten oder bei winterlichen Bedingungen sind motorisierte Fortbewegungsmittel dennoch unvermeidlich. Auch die Verwendung von Elektroautos ist alles andere als frei von Erdölprodukten. Schließlich ist in ihnen jede Menge Kunststoff verbaut, Reifen sowie Asphalt nützen sich ab und auch die Energie zum Laden des Akkus kommt nicht immer ausschließlich aus grünen Energiequellen.

Letztlich ist alles, was wir kaufen, von Transport abhängig, in den wiederum Mineralöl involviert ist. Die einzige Möglichkeit, die wir diesbezüglich haben, ist es also, möglichst regionale Produkte einzukaufen und energieeffizient zu reisen. Da Fliegen bekannterweise besonders viel Treibstoff verbraucht, hat sich in den letzten Jahren besonders bei jüngeren Generationen der Trend entwickelt, auch etwas längere Strecken mit Bus, Zug oder Fahrgemeinschaften zurückzulegen. Eine Freundin von mir hat es sogar recht reibungslos per Anhalter von Berlin bis nach Marokko geschafft.

Sieht man vom Fliegen ab, liegen die anderen motorisierten Fortbewegungsformen in ihrer Energieeffizienz sogar näher beisammen, als man vermuten mag. Ein voll ausgelastetes Auto weist mitunter einen niedrigeren CO_2-Fußabdruck auf als ein nur mäßig besetzter Zug. Wenn jedoch aufgrund dieser Tatsache mehr Leute mit dem Auto fahren, so fällt die Auslastung der Bahn erst recht schlechter aus. Dabei wäre ein voll ausgelasteter Zug energietechnisch die sparsamste motorisierte Transportmöglichkeit zu Land.

Vorletztes Jahr bin ich mit dem Fernbus von Wien nach Berlin und wieder zurückgefahren. Da meine Beine jedoch überdurchschnittlich lang sind, war es nicht unbedingt die angenehmste Erfahrung. Auch wenn Busse dank ihrer hohen Auslastung meistens die treibstoffsparende Option sind, werde ich zukünftige Fahrten deshalb eher auf den Schienen zurücklegen. Schließlich ist eine höhere Auslastung bei der Bahn eine Win-Win-Situation. Wenn wenige Passagiere mitfahren, verbessere ich die Pro-Kopf-Effizienz und wenn sie bereits sehr voll ist, trage ich dazu bei, dass die Infrastruktur ausgebaut wird. Zumindest in Theorie. Aber der größte Bonus des Zugfahrens ist, dass ich einerseits problemlos währenddessen arbeiten und andererseits jederzeit aufstehen und mir die eingeschlafenen Beine vertreten kann.

Fazit. *Schlüssel in der Reduktion von Emissionen im Transportbereich ist ein gut ausgebautes öffentliches Verkehrsnetz. Wenn ich weiß, dass regelmäßig etwas fährt und ich ohne großen Zeitverlust überall hinkomme, dann bin ich weniger auf meine eigene Motorisierung angewiesen. Je mehr Leute auf diese Art angebunden sind, desto besser ist dann auch die Auslastung der öffentlichen Verkehrsmittel.*

GEFLÜGEL

Angenommen, wir haben einen hundertprozentigen Bio-Treibstoff für Flugzeuge entwickelt, der nicht zur Erderwärmung beiträgt. Ohne Erdöl könnten wir dennoch keine modernen Passagierflugzeuge konstruieren.

»Bruder, wie kann ein Flugzeug eigentlich fliegen? Das wiegt doch viele Tonnen.«

»Wenn du drin sitzt, kann's eh nicht.«

Ich spitze gespannt die Ohren. Eine interessante Konversation scheint sich zwei Sitzreihen hinter mir anzubahnen.

»Nein, Bruder, ernsthaft!«

»Was?«

»Warum kann so ein Jumbojet stundenlang fliegen?«

»Hast du schon mal einen Schwan gesehen? Die sind auch fett und fliegen.«

»Ich dachte, die schwimmen einfach.«

»Was redest du, Mann. Das sind Vögel. Wie sollen die sonst zu irgendwelchen kleinen Seen hinkommen?«

»Naja, die waren halt schon dort.«

»Du bist so dumm. Wenn sie nicht fliegen könnten, müssten sie aussterben!«

»Wieso, die jagt ja niemand und für Katzen sind sie auch zu groß!«

»Ich sag nichts mehr.«

»Ich dachte, die können nur so kurz ein paar Meter flattern. Wie Hühner.«

Kurze Pause. Derselbige:

»Aber Bruder, ein Flugzeug kann dafür nicht mit den Flügeln schlagen!«

»Das hat auch Düsen!«

»Ah ja, vergessen.«

»… und diese Klappen, auf den Flügeln, damit es abhebt.«

»Stiiiiiimmt, hast recht… Wiegt aber trotzdem viel. Die ganzen Passagiere und Gepäck und so.«

»Dafür sind die Tragflächen größer. Ein Schwan hat auch größere Flügel als eine Taube.«

»Ja, ja, ich check schon.«

»Schau dir einen Militärjet an. Da ist alles Metall. Bomben und so. Der fliegt trotzdem, weil er starke Düsen hat.«

Die Straßenbahn hält in der Station und mein Unterhaltungsprogramm steigt in Form zweier Jugendlicher aus. Ich höre noch, wie der Korpulentere der beiden etwas über Schwanenfleisch von sich gibt, und spiele kurz mit dem Gedanken, ihnen noch ein paar Meter zu folgen. Weil das in

Anbetracht des Notizblocks in meiner Hand dann doch etwas seltsam wäre, entschließe ich mich dagegen.

Die Frage, wie ein Flugzeug fliegen könne, blieb dafür hängen. Besonders, was die Effizienz anbelangt. Der Airbus A380, das größte zivile Flugzeug, kann beim Start deutlich über fünfhundert Tonnen wiegen, wobei alleine der Treibstoff bei maximaler Betankung mehr als die Hälfte davon ausmacht. Das ist in Summe viel Masse, aber das Material ist für ein Fahrzeug dieser Größe sehr leicht. Zum Vergleich: Ein U-Boot mit ähnlichen Rumpf-Maßen verdrängt je nach Tauchzustand das Drei- bis Fünffache der Masse eines startbereiten A380. Es ist natürlich logisch, dass ein Passagierflugzeug nicht so einen robusten Rumpf braucht wie ein U-Boot der Marine. Schließlich ist es nicht darauf ausgelegt, Munition abzufangen oder die potenzielle Kollision mit einem Pottwal auszuhalten. Dennoch muss auch ein U-Boot so leicht sein, dass es im Wasser schwebt und nicht einfach auf Grund läuft. Ein Flugzeug hingegen muss trotz seines geringen Gewichts stabil genug konstruiert sein, dass es bei um die tausend Stundenkilometer Fluggeschwindigkeit unter dem Einfluss von Wind und Wetter oder bei der Landung nicht einfach auseinanderbricht. Denn der Boden der Landebahn gibt im Gegensatz zum Ozean nicht nach. Um solche besonderen Eigenschaften zu erfüllen und obendrein möglichst treibstoffsparend fliegen zu können, muss der Flieger aus leichtem, aber widerstandsfähigem Material bestehen.

In der Luftfahrt kommen bei Rumpfteilen je nach Anforderungen unterschiedliche Materialien zum Einsatz. Dazu gehören Metalle wie Aluminiumlegierungen, die geringes Gewicht und hohe Stabilität aufweisen. Um die ideale Komposition aus Leichtigkeit und Widerstandsfähigkeit zu erlangen, verbauen die Konstrukteure auch Glasfaser- oder Carbonfaserverstärkte Kunststoffe. Besonders bei großen Passagierflugzeugen wie dem Airbus A380 ist dabei ein Grundbestandteil das sogenannte Epoxidharz. Sowie bei anderen Kunstharzen handelt es sich dabei um nicht recycelbare Erdölprodukte. Ein Flugzeug hat Erdöl also nicht nur in Form von Kerosin in den Tanks, sogar der Rumpf selbst besteht teilweise aus einem Kunststoff, der ebenfalls erdölbasiert ist. Selbst wenn wir für die Luftfahrt alternative Treibstoffe verwenden würden, so sind wir bei der Konstruktion eines Jumbojets immer noch auf Erdölprodukte angewiesen. Sogar die hohen Kosten, die mit der Verarbeitung von verstärkten Kunstharzen einhergehen, werden durch deren herausragende Eigenschaften aufgewogen.

Fazit. *Luftfahrt ist für die Fortbewegung über große Distanzen heutzutage unersetzlich. Selbst wenn Länder wie Deutschland die Abschaffung von Inlandsflügen überlegen, derartige Kurzstrecken machen nur einen sehr geringen Prozentsatz der gesamten Flugemissionen aus. Die Lösung hierbei liegt also in der Entwicklung neuer Antriebsmodelle oder zumindest umweltfreundlicher Treibstoffe. Auch das Material betreffend, sind die aktuell eingesetzten Kunststoffen das Beste, was unser Stand der Forschung bieten kann.*

STREET FOOD

Dass Firmen sowie Privatpersonen alltäglich Erdöl verbrauchen, liegt auf der Hand. Doch auch im öffentlichen Raum ist die Allgemeinheit darauf angewiesen und selbst die hartgesottenste Gegnerin der Petrochemie profitiert von tragfähigen Straßenbelägen.

Wenn ich mit dem Zug oder Auto außerhalb der Stadt unterwegs bin, frage ich mich oft, wie das Landschaftsbild wohl ohne moderne menschliche Eingriffe wie Hochspannungsleitungen, Autobahnbrücken oder Tankstellen ausschauen würde. Beim Stadtbild ebenso. Überall befinden sich Werbetafeln, Neonröhren, Antennen, Verkabelungen sowie Gebäudekomplexe aus Glas, Stahl, Beton und Blech. Bauwerke, die aufgrund ihrer Ausmaße so manchen königlichen Herrschaftssitz in den Schatten stellen könnten, vor denen sich Touristen aber bestenfalls zufällig ablichten lassen. Denn der architektonische Hintergrund ist in seiner kulturlosen Schlichtheit international austauschbar.

Das Gebäude mit der ausgeblichenen hellgrünen Vertafelung auf der anderen Seite des Donaukanals könnte genauso gut in Dallas, Texas oder in Kuala Lumpur stehen. Dabei ist die Architektur gar nicht so ausschlaggebend für den unnatürlichen Eindruck, den solche Konstruktionen vermitteln. Eine Straße oder eine Mauer aus Stein oder traditionell inspirierte koreanische Häuser aus Holz, Lehm und Ziegeln wirken auf mich viel lebendiger. Abgesehen von diesem subjektiven ästhetischen Empfinden frage ich mich, wie sehr Erdölprodukte für das Erscheinungsbild einer modernen Stadt verantwortlich sind.

Während Gebäude in ihrer Grundstruktur eher aus Baustoffen wie Zement, Sand, Schotter oder Metall bestehen, ist es vor allem der Anstrich, der Produkte aus der Erdölindustrie beinhaltet. Dasselbe gilt für Markierungen am Straßenboden. Dementsprechend macht hier eine Vermeidung von Mineralölprodukten wenig Sinn. Schließlich möchte ich ja nicht anarchische Zustände heraufbeschwören, indem ich Leute dazu inspiriere, Haltelinien oder Zebrastreifen zu ignorieren, weil sich in deren Farbe synthetische Inhaltsstoffe befinden. Naturfreundliche Farbe ist zwar für den künstlerischen Gebrauch erhältlich, für Straßenmarkierungen bin ich diesbezüglich jedoch bis dato nicht fündig geworden.

Dabei müssen wir gar nicht einmal bei den Markierungen bleiben. Denn auch der Asphalt der darunterliegenden Straße enthält Bitumen, ein Nebenprodukt der Erdöldestillation. Oft fälschlicherweise als Teer bezeichnet, auch wenn dieser aufgrund seiner Giftigkeit seit mehreren Jahrzehnten im Straßenbau nicht mehr verwendet wird. In Deutschland ist Teer seit 1984 als Bestandteil von Asphalt verboten. Wenn damals der Umstieg so gut gelungen ist, sollte es dann nicht auch möglich sein, von Erdölprodukten im Asphalt wegzukommen und Alternativen zu finden? Mit Sicherheit. Die Frage ist halt, was für Auswirkungen der Ersatz hat. Es sind schließlich auch Straßenbeläge aus recyceltem Kunststoff im Einsatz. Deren Problem ist wiederum, dass dann der Belag selbst durch Abrieb Mikroplastik verursacht. Allerdings sind Straßen auch so wichtig, dass wir nicht einfach darauf verzichten können. Demnach ist die einzige Möglichkeit, die wir haben, viel weniger zu fahren oder auf Forschung zu setzen. Um die Wissenschaft voranzutreiben, braucht diese nicht nur möglichst viel Budget, sondern auch Freiheit von lähmenden bürokratischen und politischen Einflüssen sowie als Grundlage eine möglichst gute Schulbildung, damit sich viele Leute dafür interessieren.

Im Endeffekt läuft es also auch hierbei auf ein Ziel hinaus: Mehr Gelder für Bildungseinrichtungen. Da wir schon beim Baustellen-Jargon sind: Ich bin mir sicher, dass derartige Investitionen das notwendige Fundament für die Verbesserung sämtlicher moderner Brennpunkte der Gesellschaft stärken würden.

Fazit. *Bebauung ist gegenwärtig eine große Herausforderung. Für Bodenbeläge gibt es jedoch schon innovative Lösungsansätze. Selbst wenn diese auch für Abrieb sorgen, können sie beispielsweise die Hitzeentwicklung im Vergleich zu Asphalt eindämmen und setzen einen Anreiz für weitere Forschung.*

FUTTERNEID

Ich gebe zu, ich bin ein ziemlicher Nerd. Schon als Kind konnte ich mich in fiktive Universen verkriechen, habe Bücherreihen verschlungen und mir alle möglichen Details daraus gemerkt und schließlich eigene Fantasiewelten kreiert. Als Erwachsener ist das nicht viel anders. Was als Jugendlicher aber hinzukam, ist die Komponente des Computerspielens. Mit dem Aufkommen von Online-Gaming um die Jahrtausendwende habe ich eine Liebe zu Echtzeit-Strategiespielen entdeckt. Nichts war so faszinierend, wie die wirtschaftliche, gesellschaftliche und militärische Struktur von ganzen Imperien zu gestalten. Egal in welcher Zeitepoche, ob in der realen Welt oder in einem fiktiven Kosmos, war jede Partie, die ich mit meinen Freunden gespielt habe, eine Repräsentation historischer und politischer Dynamiken im Zeitraffer. Eine selbstgestaltete Kapitalismus-Simulation nach der anderen, mit dem schönen Nebeneffekt, dass dadurch real niemand wirklich zu Schaden kam. Wir bauten virtuell Rohstoffe wie Holz, Stein, Eisen oder Gold ab, errichteten Festungsanlagen, planten ganze Städte, betrieben Handel, bildeten Armeen aus und vernichteten einander damit. Die gemeinsame Entkoppelung von der Realität und eine damit verbundene Freiheit sind es, die für mich den Reiz solcher Spiele ausgemacht haben.

Was nebenbei passierte, war ein Lerneffekt. Abgesehen von Reaktionsgeschwindigkeit und spezifischem Wissen über Taktik und Strategie lassen sich viele wiederkehrende Muster aus solchen Spielen im geopolitischen Geschehen wiedererkennen. Im Unterschied zu fiktiven Spielgeschehen dienen sie aber nicht einer imaginären Form der Zerstreuung, sondern sind oft die tragische Realität ideologischer oder wirtschaftlicher Bestrebungen.

Um in einem Echtzeit-Strategiespiel mit kompetitivem Charakter als Sieger hervorzugehen, ist es oft essenziell, die Kontrolle über Rohstoffe in Form von Goldminen, Kristallvorkommen oder Ähnlichem zu erlangen. Da mehrere Spieler dies versuchen, sind ressourcenreiche Orte meist heiß umkämpft. Im Verlauf der Geschichte war dies nicht anders. Im frühen Kolonialzeitalter hat die Spanische Krone ungeheuren Aufwand betrieben, um möglichst viele Reichtümer aus der Neuen Welt auf die Iberische Halbinsel zu holen, während andere Länder wie England oder Frankreich Flotten an Freibeutern beauftragten, um die schwer beladenen Schatzschiffe zu entern. Doch auch schon tausende Jahre zuvor haben sich rund um den Globus Menschengruppen gegenseitig die Schädel eingeschlagen, um festzulegen, wer in einem besonders ertragreichen Jagdgebiet jagen darf.

In seinem Bestseller »Homo Deus« schreibt Yuval Harari, dass sich im einundzwanzigsten Jahrhundert bewaffnete Konflikte hauptsächlich nur mehr in jenen Regionen abspielen, in denen materielles Interesse an Bodenschätzen vorherrscht. Ob Erdölvorkommen im Nahen Osten oder Metallvorkommen und Edelsteinminen in Zentralafrika, die meisten durch Waffengewalt verursachten Todesopfer finden sich heutzutage in jenen Gegenden, in denen ein Großteil der Wertschöpfung nicht im Dienstleistungssektor liegt.

Was sind die Goldminen und Kristallvorkommen unserer Zeit? Neben altbekannten metallischen Bodenschätzen hat sich durch die Vielfalt des modernen Konsums ein Bedarf an der Massenproduktion von unterschiedlichen Gütern entwickelt, als vor einem Jahrhundert in einem betuchten europäischen Haushalt vorzufinden waren. Während die Versorgung mit Nahrungsmitteln den Großteil der genutzten Landfläche ausmacht, wird auf dem Wasser die Beanspruchung von Fischgründen besonders in Ostasien zunehmend zur Territorialfrage. Aber egal, ob es sich um Mineralvorkommen, fruchtbare Landstriche, Wasser oder auch Sand handelt. Um ihre Interessen durchzusetzen oder sich gegen Aggressoren behaupten zu können, setzen globale Player auf ein schlagkräftiges Militär.

In diesen Belangen unterscheiden sie sich kaum von einer Partie eines komplexen Computerspiels. Mit dem Unterschied, dass tatsächlich etwas auf dem Spiel steht und das Militär heutzutage meist eher einen abschreckenden Charakter hat. Nichtsdestotrotz sind Großmächte wie die USA, China oder Russland dauerhaft bestrebt, auf dem neuesten Stand der Technik zu sein, um im Falle des Falles am längeren Hebel zu sitzen und wirkungsvolle Druckmittel in der Hand zu haben.

Trotz der Entwicklung neuester Kriegsmaschinerie ist die militärische Schlagkraft zum Großteil abhängig von erdölbasierten Treibstoffen. Zwar gibt es mit Atomenergie betriebene Flugzeugträger und U-Boote, aber was nützt das, wenn die Kampfjets oder Langstreckenraketen, die dort auf ihren Einsatz warten, ohne Treibstoff nicht einmal starten können? Dieser Faktor trägt maßgeblich zur Bedeutung von Erdöl bei. Die Abhängigkeit des zivilen Verkehrs und des Transportes von Gütern ist nur ein Grund, weshalb fossile Rohstoffe eine derart starke Lobby haben. Die strategische Bedeutung dieser Ressourcen für die Landesverteidigung spielt, auch wenn das in der Öffentlichkeit eher untergeht, eine immense Rolle.

Sind wir vielleicht deshalb so stark abhängig vom schwarzen Gold und seinen ungesunden Nebenprodukten, weil es im Kriegsfall ein entscheidender Faktor über Sieg oder Niederlage ist? Es sind nämlich nicht nur die gepanzerten Fahrzeuge, Flugzeuge und Raketen, die zum Großteil auf petrochemischen Treibstoffen operieren. Auch der Logistik im Hinterland stehen in den meisten Ländern höchstens in geringem Ausmaß alternative Antriebsformen zur Verfügung.

Selbst unter der Annahme, dass uns die Frage militärischer Sicherheit noch stärker an die Erdölindustrie bindet und somit ein Wegkommen davon verzögern könnte, bleibt jedoch Grund zur Hoffnung. Politische Konflikte und das Rennen nach der neuesten Waffentechnik haben als Nebenprodukte immer schon Erfindungen hervorgebracht, die auch das zivile Leben maßgeblich beeinflusst haben. Dass Dechiffriermaschinen aus dem zweiten Weltkrieg wie die Turing-Bombe letztlich das Fundament für Smartphones legten, hat damals vermutlich niemand geahnt.

Heute sind Computer in jedem Haushalt aufzufinden und in einer interessanten Parallele zu den Spielchen mächtiger Nationen ist mittlerweile die Gaming-Industrie ein treibender Motor hinter der Entwicklung neuer Technologien. Auch die Austragung von Konflikten findet zunehmend im virtuellen Raum statt. Dabei geht es nicht nur um die Lahmlegung von elektronisch kontrollierten Waffensystemen, sondern besonders um Destabilisierung und die Schwächung der Infrastruktur. Nicht selten stecken hinter solchen Attacken staatlich gelenkte Akteure. In Anbetracht dieser Umstände ist es also gar nicht so abwegig, dass langfristig Cyber Warfare in Kombination mit alternativen Energiequellen auch die militärische Abhängigkeit von Erdöl brechen könnten.

GRÜN GEWASCHEN

Wie viele Leute bin ich schon länger bedacht darauf, Plastik zu vermeiden und möglichst nachhaltig einzukaufen. Doch was hilft mir der beste Vorsatz, wenn ich getäuscht werde?

Was ist schon Nachhaltigkeit? Im Supermarkt habe ich letztens auf einer Verpackung für Klopapier gelesen, dass diese zumindest zu dreißig Prozent aus recyceltem Kunststoff bestünde. Nämlich nicht ihr Inhalt, sondern die Verpackung selbst. In einem langgezogenen Bogen prangte der Schriftzug auf der Vorderseite der Folie, ummantelt von schnittigen grünen Flächen, deren Form ich verbal nicht zuzuordnen vermag.

Aber unterbewusst liest mein Auge »recycelt«, sieht die Farben und gibt der zerebralen Entscheidungshierarchie in erster Instanz grünes Licht, den Artikel zu kaufen. Erst bei erneutem Lesen komme ich drauf, wie erbärmlich wenig dreißig Prozent eigentlich sind. Im Umkehrschluss bedeutet dies ja, dass bis zu siebzig Prozent der Verpackung aus neuem Plastik bestehen. Besonders unter dem Gesichtspunkt, dass Plastiksackerl im Handel ansonsten ja eigentlich längst verboten sind, wirken die Hervorhebung jener dreißig Prozent sowie die farbliche Aufmachung des Verpackungsdesigns geradezu zynisch. Dennoch vermitteln sie an unser Unterbewusstsein das Gefühl, mit diesem Kauf besonders umweltfreundlich zu handeln. Dabei zählt frisches Toilettenpapier wirklich nicht zu jenen Artikeln, die im Kontakt mit Luft sofort austrocknen oder gar verderben. Eine Verpackung aus Papier oder Karton wäre also vollkommen ausreichend. Weil aber die Hersteller pro verkaufte Einheit ein paar Cent mehr Gewinn machen wollen, da die daraus entstehenden Mehrkosten ohnehin die Allgemeinheit trägt, gibt es halt immer noch Klopapier im Plastiksack mit einem einladenden, naturfreundlich wirkenden Design, das in seiner Schlichtheit so manchem Wandbehang moderner Kunstgalerien Konkurrenz machen würde. Nichtsdestotrotz ist die Tatsache, dass wir als Kunden in diesem Fall nur bei der Verpackung manipuliert werden, eher harmlos. Viel gravierender ist es, wenn diese Art der subtilen Täuschung uns auch in Bezug auf den Inhalt hinters Licht führt. Da wir nur selten die Zeit und Energie aufwenden, um bei sämtlichen Kaufentscheidungen sorgfältig mitzulesen, entscheidet meist ein schneller Impuls, der zu großen Teilen durch die visuelle Gestaltung eines Produktes beeinflusst wird. Eine Tatsache, die sich die Marketingabteilungen so mancher Hersteller geschickt zu Nutzen machen, indem sie ihre Produkte dementsprechend umweltbewusst präsentieren. Oft sind wir daher im Glauben, besonders gesunde oder ökologisch unbedenkliche Artikel zu kaufen, obwohl dies überhaupt nicht der Fall ist.

Neben dem visuellen Design spielt hierbei auch die Wortwahl eine tragende Rolle. Über die Jahre hat sich eine Vielzahl an Begriffen etabliert, die wir mit Nachhaltigkeit im Konsum assoziieren. Unter anderem den Begriff »Nachhaltigkeit« selbst. Um den Konsumenten zu suggerieren, gewisse Produkte ohne Bedenken kaufen zu können, setzen viele Firmen Bezeichnungen ein, die zwar gut klingen, aber von keinem rechtlichen Rahmen geschützt sind. Das Team von *@Klimareporter.in* hat einige in diesem Kontext gängige Begriffe zusammengesucht, die wir uns auch gleich anschauen.

»Regional« – Wenn Sie beispielsweise ein Nahrungsmittel kaufen, auf dem »regional« zu lesen ist, dann steht oft im Kleingedruckten etwas wie »Abgefüllt im Nachbarland X, mit Zutaten aus EU- und Nicht-EU-Ländern«. Darüber, wie viele Transportkilometer tatsächlich hinter dem Artikel stecken oder welche Standards die rechtlichen Auflagen in den jeweiligen Herkunftsländern tatsächlich herrschen, können Sie bestenfalls spekulieren. Wie viel Sie dabei tatsächlich zu lokaler Wertschöpfung beitragen, werden Sie vermutlich nie erfahren.

Ob »klimafreundlich, umweltfreundlich, umweltschonend, natürlich, naturnah, nachhaltig oder öko« – All diese Begriffe werden gerne verwendet, ihnen fehlt aber ein rechtlicher Schutzrahmen. Auch wenn im Unterschied zu anderen vergleichbaren Produkten vielleicht weniger Belastung für die Umwelt anfällt oder zu einem gewissen Anteil natürliche Bestandteile verarbeitet werden, gibt es keine objektiven Messkriterien oder Regelungen, ab wann ein Erzeugnis als »klimafreundlich« eingestuft werden kann. Auch erdölbasierte Kunststoffverpackungen ohne Recyclinganteil können darunter vermarktet werden. Ähnliches gilt für die Bezeichnung »biologisch abbaubar«. Damit können auch Kunststoffe gemeint sein, die sich zwar zersetzen lassen, dann aber als Mikroplastik übrig bleiben.

Werden diese Ausdrücke verwendet, um Produkten einen umweltfreundlichen Anschein zu verpassen, kann es sich um »Greenwashing« handeln. Besonders gerne werden diese Begriffe mit einem entsprechenden Verpackungsdesign gepaart. Eine Mischung aus natürlichen Farbtönen wie Oliv, Ocker oder Tannengrün mit Bildern von Bäumen, Blumen oder blauem Himmel, dazu noch ein lachendes Kindergesicht oder ein niedliches Tier und die Fassade ist perfekt. Kunden mit guter Intention, die sogar bereit sind, für tatsächlich umweltfreundliche Produkte mehr Geld auszugeben, finanzieren somit Firmen, die dies bewusst ausnutzen.

Ich frage mich, wie oft ich im Zuge meines Versuchs, möglichst plastikfreie Alternativen zu finden, selbst Opfer von Greenwashing wurde. Rückblickend betrachtet habe ich mir sehr oft gedacht: »Na bitte, die probieren es immerhin. Zumindest schon ein paar Schritte in die richtige Richtung.« Inwieweit dabei jeweils einfach nur eiskaltes Kalkül für ein gutes Image dahintergesteckt ist, kann ich mir bestenfalls an der Art der Verpackung zusammenreimen.

Was dementsprechend stark wächst, ist die Bedeutung von Gütesiegeln. Beim Kauf von ein paar biologisch abbaubaren Küchenutensilien haben mich letztens fünf verschiedene Gütesiegel von den Verpackungen angelacht. Während einen ein solches Siegel leicht von einem Artikel überzeugen kann, weiß ich als Kunde in den seltensten Fällen über die Kriterien, die dafür erfüllt werden müssen, Bescheid. Abgesehen davon, dass manche Gütesiegel eher als Alibi zu existieren scheinen und rechtliche Schlupflöcher zulassen, gibt es in allen möglichen Bereichen unterschiedliche Zertifizierungen, die sich kein Mensch alle merken kann. In einer Zeit, in der nicht nur »Fake News«, sondern auch »Fake Zertifizierungen« so populär sind wie selten zuvor, ist es umso schwieriger auf einem halbwegs vertrauenswürdigen Informationsstand zu bleiben.

Aber immerhin gibt es einen Funken Trost durch Gerechtigkeit. Stellen Sie sich vor, Ihr Lieblings-Duschgel, das Sie in dem Glauben gekauft haben, es sei nachhaltig produziert, beinhaltet Mikroplastik. Dann werden Sie in Zukunft vermutlich auch keine anderen Produkte dieser

Marke erstehen wollen, sofern es Alternativen gibt. Wird einmal bekannt, dass ein Konzern bewusst mit einem gefinkelten Produktdesign über einen Mangel an Nachhaltigkeit hinweggetäuscht hat oder dass ein bestimmtes Gütesiegel wertlos ist, so kommt die Strafe in Form niedriger Verkaufszahlen. Denn selbst, wenn nur einzelne Produkte von Greenwashing betroffen waren, so sinkt das Kundenvertrauen in die gesamte Marke deutlich stärker als bei Marken, die ihre Produkte nicht mit Öko-Tarnung versehen haben.

Glücklicherweise gibt es auch gängige Begriffe, deren Verwendung zumindest in Europa klar reguliert ist. Sieht man diese in Kombination mit einem offiziellen Gütesiegel (Nachforschungen darüber anzustellen schadet trotzdem nicht), so ist zumindest auf die begriffliche Verwendung Verlass. Die Bezeichnungen »Bio«, »Vegan«, »Demeter« und »Cruelty-Free« sind EU-weit geschützte Begriffe und unterliegen klaren Auflagen.

Fazit. *Um nicht zum Opfer von Greenwashing zu werden, versuche ich, möglichst viel über die Produkte zu lesen, die ich einkaufe. Auch ein genauer Blick auf Gütesiegel und die verwendeten Begriffe ist niemals fehl am Platz, weil diese oft nur gut wirken, aber tatsächlich wenig aussagen.*

KONSERVEN

Egal, welcher Tätigkeit ich gerade nachgehe, ich denke mitt-
lerweile fieberhaft daran, inwiefern bei jeder dieser Tätigkei-
ten Plastik, Treibstoff oder andere Produkte aus Mineralöl
involviert sind. In der Früh habe ich das Altpapier sowie den
Restmüll hinuntergetragen. Der Müllcontainer ist aus Kunst-
stoff, die Müllabfuhr fährt mit Benzin und auch der neue
Restmüllsack besteht aus recyceltem Plastik und hat somit
einen Erdölanteil.

Nach einer Hochrechnung mit Hilfe der Formel »Daumen
mal Pi« komme ich zu dem Schluss, dass pro Person in der
Wohnung ungefähr ein Sack Restmüll pro Woche anfällt.
Hätten wir einen eigenen Garten, vermutlich etwas weniger, weil dann Karottenschalen nicht, wie im urbanen Mo-
loch üblich, im Restmüll, sondern am Komposthaufen landen würden.

Es wird mir immer mehr bewusst, wie ungeheuer leicht
es wäre, mir Zeit zu ersparen, wenn ich achtloser mit Ressourcen umgehen würde. Stichwort Mülltrennung. Ich
könnte natürlich einfach sämtlichen Abfall in den Restmüll
werfen und mir dadurch den Aufwand der gesonderten Entsorgung ersparen. Wenn ich daran denke, wie oft ich schon
Restmüll in der Biotonne oder Sperrmüll im Glascontainer
gesehen habe, dann kann es nur eine große Menge an Leuten geben, die so handeln. Interessant wäre es zu wissen, wie
viele dabei bewusst so agieren, weil sie schlichtweg zu faul

sind, sich mit Mülltrennung zu beschäftigen. Oder ob der Akt der Mülltrennung tatsächlich die kognitiven Fähigkeiten einiger Vertreter unserer Spezies übersteigt.

Ich vermute eher, dass Bequemlichkeit und Gleichgültigkeit deutlich öfter verantwortlich sind. Aber nicht nur das. Wenn uns potenzielle negative Auswirkungen nicht so bewusst sind und wir in naiver Ignoranz darauf bauen, dass sich ohnehin die Abfallindustrie drum kümmert, dann sind solche Handlungen durchaus naheliegend. Der Mensch ist schließlich ein Meister darin, unangenehme Verantwortungen so lange wie nur möglich auszublenden. Längerfristig gesehen fällt dieser Egoismus dann aber wieder auf uns alle zurück.

Eigentlich liebe ich es, den Hausmüll wegzutragen. Zugegebenermaßen eine seltsame Aussage. Ob Glasflaschen, Plastik, Bio, Dosen, Tetrapak oder Papier. Als Kind musste ich mich immer äußerst widerwillig dazu aufraffen, wenn mich meine Mutter wiederholt dazu aufgefordert hatte, die jeweiligen Mistkübel zu entleeren. Mittlerweile freue ich mich, wenn ein Sammelbehälter voll ist, weil es für mich als Ansporn fungiert, das Haus zu verlassen und zur nächsten Müllinsel zu spazieren. Oft kommt es über mehrere Monate gar nicht einmal dazu, dass die Kapazitäten des Altglasbehälters daheim erschöpft sind.

Ein nicht weiter benötigtes Einmachglas reicht oft schon als zusätzliche Motivation, laufen zu gehen und davor gleich einen kurzen Abstecher zum Recyclingcontainer zu machen. So trivial das scheinen mag, aber besonders in

Zeiten wie diesen, wenn die Gastronomie ein halbes Jahr durchgehend geschlossen hat, ist jede Form von Aktivität außerhalb der eigenen vier Wände eine willkommene Ablenkung. Einmal alle paar Wochen dann das Highlight:

Ein farbenfroher Haufen. Sie liegen übereinander wie rebellische Kommunen-Mitglieder in den 70er Jahren auf einem Schnappschuss für die Boulevardzeitung. Sie sind hohl und teilen sich schwesterlich ihre temporäre Unterkunft ungeachtet der Unterschiede ihrer Beschaffenheit.

In Wien kommen seit einigen Monaten Metalldosen und Tetrapaks in denselben Müllcontainer wie Behältnisse aus Plastik. Um den Einwohnern die korrekte Entsorgung zu erleichtern, hat die Magistratsabteilung für Abfallwirtschaft, Straßenreinigung und Fuhrpark, kurz MA48, jedem Haushalt einen robusten orangefarbenen Sack zur Verfügung gestellt. »Ein Fall für Drei«. Motivierende Worte sowie die Bilder leerer Behältnisse zieren sein Äußeres. »Sie sammeln gemeinsam. Wir trennen & verwerten.« Viel weiter kann man der Bevölkerung nicht entgegenkommen. Ob das reicht?

Mindestens fünfzig Prozent der Kunststoffe soll jedes EU-Land bis 2025 wiederverwenden. Mit einer Recyclingquote von weniger als der Hälfte davon liegt Österreich derzeit im schwachen Mittelfeld. Besonders bei PET-Flaschen sollte es eigentlich recht einfach sein, diese in den dafür vorgesehenen Containern zu entsorgen. Möchte man meinen. Aufgrund von Littering, dem achtlosen Wegwerfen im öffentlichen Raum, sind wir noch weit davon entfernt, die von der EU angestrebte Recyclingquote für Plastikflaschen zu erreichen. Bis 2030 sollen das nämlich zumindest neunzig Prozent sein. Wie kriegt man die Bevölkerung aber dazu, die Flaschen ordnungsgemäß zu entsorgen? Mittels Kampagnen das Bewusstsein zu schärfen und somit dazu zu animieren, hinter sich aufzuräumen, ist eine Option. Für die notwendigen Quoten allerdings nicht annähernd ausreichend. Schließlich läuft einerseits die Zeit davon, während sich andererseits viele Leute nicht die Zeit nehmen, ihren Müll angemessen zu trennen.

Eine weitere Möglichkeit zur Erhöhung der Recyclingquoten ist die Einführung von Pfandsystemen auf alle wiederverwertbaren Verpackungen. Bereits zehn andere EU-Mitgliedsstaaten haben Pfand auf Einwegflaschen und -dosen eingeführt. Wie in Deutschland zu sehen, auch durchaus mit Erfolg. In Österreich sind derartige Konzepte noch in der Entwicklungsphase. Sollte ein Pfand auf Plastik und Dosen hierzulande eingeführt werden, dann hoffentlich auch hoch genug. Bei den derzeitigen neun Cent auf Bierflaschen machen sich viele nicht die Mühe, diese in zum Pfandapparat im nächsten Supermarkt zu schleppen.

Benötigen wir, um dem Littering wirklich Herr zu werden, vielleicht einfach drakonische Strafen wie in Singapur? Der südostasiatische Vorzeigestaat in Sachen Sauberkeit knöpft rücksichtslosen Müllsündern schon bei kleinen Vergehen einen vierstelligen Betrag ab. Ehrlich gesagt hätte ich auch nichts dagegen, wenn in der EU solche Regelungen eingeführt würden. Vorausgesetzt, dass diese Art von

Verstoß auch aktiv geahndet wird. Wenn ein halbes Monatsgehalt auf dem Spiel steht, überlegen es sich bestimmt auch die achtloseren Hallodris zweimal, bevor sie ihre leere Dose ins nächste Gebüsch werfen.

Um ein effektives Recycling zu ermöglichen, gibt es sogenannte Recycling-Codes, die es erleichtern sollen, verschiedene Kunststoffarten separat zu sammeln. Doch selbst, wenn sich die gesamte Bevölkerung brav an die Vorgaben hält und richtig entsorgt, steht die Abfallindustrie vor weiteren Herausforderungen. Erstens verursacht die Sortierung einen logistischen Aufwand und zweitens sind bei vielen Verpackungen Chemikalien zugesetzt, welche ein qualitatives Recycling verhindern.

Fazit. *Mülltrennung ist das Um und Auf, wenn es darum geht, Ressourcen zu schonen. Besonders bei Kunststoffen und Metallen ist es wichtig, dass diese ordnungsgemäß entsorgt werden. Auf diese Art können bedenkliche Komponenten aussortiert und der Rest recycelt werden. Um das öffentliche Bewusstsein dahingehend zu verbessern, wäre ein höheres Pfand durchaus angebracht.*

PHASE 3
IN DEN SPIEGEL SCHAUEN

DIE QUITTUNG

Eine Unterhaltung mit meinem Freund Simon, seines Zeichens Chemiker, gibt mir eine relativierte, deutlich professionellere Sicht auf das Thema Kunststoff. Laut seiner Expertise ist das Vorhandensein von Plastik im Alltag nicht unbedingt ein Problem, da es ein Werkstoff mit teils unerreichten Eigenschaften ist. Lediglich der Umgang damit sei suboptimal.

Auf die Frage hin, wie es um diverse Inhaltsstoffe mit schlechtem Ruf stünde, meinte er, dass wir darüber in den meisten Fällen noch zu wenig wissen. Viele wurden noch nicht ausreichend erforscht, um eindeutige Aussagen über deren Auswirkungen zu treffen. Aber auch er persönlich würde ein potenzielles Risiko lieber zuerst erforschen und ausschließen können, anstatt es eingehen zu müssen.

Dummerweise bin ich kein gelernter Chemiker und dementsprechend anfälliger für unwissenschaftliche Meinungen auf diesem Gebiet. Im Zeitalter der »Fake News« kursieren auch zum Thema Plastik derart viele Fehlinformationen, dass ich als Laie meine Schwierigkeit habe, diese richtig einzuordnen. Schon alleine der Begriff »Plastik« ist so weitreichend, dass damit eine Unzahl an Werkstoffen zusammengefasst wird. Deren molekulare Bestandteile, Monomere genannt, sind wiederum von einem Kunststoff zum anderen teils viel unterschiedlicher als die Struktur eines Baumstumpfes von der einer Kartonschachtel.

Aufgrund des vergleichsweise jungen Alters von Plastik sowie der unzähligen Formen, in denen es auftritt, sowie der Menge an verschiedenen Zusatzmitteln ist dementsprechend noch einiges an Forschung nötig, um eindeutige Aussagen treffen zu können. Denn vom Verdacht auf Schädlichkeit eines Stoffes bis hin zum Beweis desselben liegt oft ein langer Weg.

Helene Wiesinger von der *ETH Zürich* hat mit ihrem Forschungsteam über zehntausend Plastik-Monomere und zugesetzte Chemikalien untersucht. Fast ein Viertel davon wurde als potenziell besorgniserregend eingestuft. Einige davon sind kaum untersucht oder reguliert und immerhin über neunhundert sind unter manchen Gesetzgebungen sogar in der Verpackung von Nahrung zugelassen. Für eine nachhaltige Handhabung von Plastik fordert das Forschungsteam deshalb mehr Bestrebungen aller Beteiligten, beginnend mit einer besseren Transparenz über die Daten von Zusatzstoffen.

Infolgedessen würde es ja zumindest reichen, wenn Stoffe, deren Bioakkumulation, Abbaubarkeit und Toxizität unbekannt sind, nicht zugelassen werden, bis von Seiten unabhängiger Forschung eine Entwarnung gegeben wird. Wenn dann bei den unbedenklichen Kunststoffen ein adäquates Recycling stattfindet, sollte erdölbasiertes Plastik ja eigentlich nicht problematisch sein. Eine derartige Umsetzung hängt allerdings, angefangen bei der Bereitschaft der Allgemeinbevölkerung, richtig zu entsorgen, von so vielen Faktoren ab, dass wir noch einen langen Weg vor uns haben, der sehr viel Kooperation erfordert. Denn einige alternative Materialien bringen in ihrer Art der Gewinnung wieder ganz andere Probleme mit sich und schädigen die Umwelt auf eine andere Art ebenfalls.

DAS SELFIE

Hin und wieder neige ich dazu, zu übertreiben. Auf der humoristischen Bühne mag das eine ganz hilfreiche Veranlagung sein. Wenn ich allerdings mit potenziell gesundheitsschädlichen Szenarien konfrontiert werde, dann rattern die Zahnräder im Hirn besonders unangenehm.

Nachdem ich die letzten Tage unzählige Artikel über Mikroplastik gelesen habe, kann ich kaum noch auf die Straße gehen, ohne daran zu denken. Bei jedem Objekt, das mir unterkommt, stelle ich mir vor, wie viele Kunststoffpartikel davon wohl schon umherschwirren. Ein Schluck Wasser aus der Leitung stimmt mich nachdenklich. Das Öffnen des Schlafzimmerfensters in der Dämmerung lässt mich die Nase rümpfen. Wenn ich im abendlichen Sonnenschein Staubpartikel umherschwirren sehe, frage ich mich, wie viele davon auf Kleidung aus Polyester zurückzuführen sind. In irgendeiner Studie stand immerhin, dass Luft in Innenräumen durch Textilfasern besonders stark belastet ist. Verlasse ich hingegen das Haus, verläuft direkt vor der Eingangstüre eine vielbefahrene Straße, während nicht unweit gerade ein altes Bürogebäude abgerissen wird. Zu den Abgasen kommen also noch Bauschutt und Reifenabrieb. Egal, welche Luft ich einatme, eine hohe Konzentration an Mikropartikeln ist unvermeidbar. Was tun?

In so einem Moment ist es vermutlich das Beste, temporär zu resignieren. Das, was ich nicht ändern kann, zu akzeptieren. Zum eigenen Seelenheil vielleicht noch laut auf Wienerisch »A scho wuascht« (hochdt.: »Auch schon egal«) denken und neu sammeln. Mathias Strolz, ein ehemaliger österreichischer Politiker, hat einmal gesagt: »Irritation ist die Mutter der Innovation«. Quasi eine Übersetzung des alten Sprichworts »Not macht erfinderisch« in die Wortwahl des einundzwanzigsten Jahrhunderts.

Auch wenn die weiter oben geschilderten Gedankengänge etwas anderes vermuten lassen, gehe ich mit der Plastik-Problematik ganz pragmatisch um. Denn Irritation ist zwar zunächst unangenehm, bringt uns aber dazu, unseren Handlungsspielraum neu zu evaluieren. Die Not der Änderung ist unvermeidlich. Anstatt alles auf einmal anzugehen, ist es allerdings angenehmer und langfristig auch erfolgreicher, konstant einen Schritt nach dem anderen zu machen. Gestern habe ich einer Schreibwarenfirma per E-Mail nahegelegt, ihre Produkte aus nachwachsenden Rohstoffen herzustellen. Heute habe ich bewusst einen in Plastik verpackten Koriander, den ich bereits im Einkaufssack hatte, wieder herausgenommen und zurück ins Regal gehängt. Die Fenster zur Straße öffne ich anstatt vormittags oder spätabends fast nur noch frühmorgens. Noch bevor die erste Verkehrswelle ihren Reifenabrieb dalässt. Mir ist klar, dass diese Tätigkeiten komplett absurd, lächerlich oder auch selbstverständlich wirken. Manche sind lediglich Tropfen auf dem heißen Stein, aber genügend Tropfen kühlen vielleicht auch einen heißen Stein, bis er wieder im Schatten liegt.

Ich habe begonnen, meinen Besitz, wo es nur geht, durch erdölfreie Varianten ersetzen. Gewusst, dass es in den unterschiedlichen Anwendungsfällen sehr viele Möglichkeiten gibt, habe ich schon seit Jahren. Gehandelt aber nur im bequemen Ausmaß. Sich im Detail zu informieren, was es für Alternativen gibt, ist der erste Schritt.

Um dem metaphorischen Kitsch freien Lauf zu lassen: Es fühlt sich an, als würde ich auf einer riesigen Erdfläche Samen für einen Rasen aussäen. Flächenweise haben andere schon den Boden umgeackert, vereinzelt sind auch schon Grünflächen zu sehen. Dazwischen befinden sich einfach nur karge trockene Sandstellen. Aus einem guten Teil des Saatguts wird wahrscheinlich ohnehin nichts. Hin und wieder knicken meine Füße auch bereits existierende Grashalme um. Aber jene Büschel, die bereits in sattem Grün aus der Erde ragen, werden auch von anderen Personen wahrgenommen und mit jeder Person, die beginnt, mit zu säen, begeben wir uns wieder einen Schritt in Richtung Wiese.

DAS VORHER-NACHHER-BILD

Beim Biomarkt kostet die Gurke zwei Euro. Mit dem Unterschied, dass sie dort kleiner ist und die Bezeichnung »Schlangengurke« trägt. Dafür ist sie nicht in Plastikfolie eingeschweißt. Außerdem gibt es in der Obst- und Gemüseabteilung Sackerl aus Altpapier. Zwar sind diese zu schmal für Broccoli, wie ich in einer slapstickhaften Einlage feststellen musste, aber für kleineres Gemüse oder für Champignons sind sie geradezu maßgeschneidert. Auch die größeren durchsichtigen Sackerl aus Holzfaser sind im Biomarkt scheinbar am fortschrittlichsten entwickelt. Ihre Textur unterscheidet sich im Gegensatz zu manch anderen Ersatzprodukten nicht merklich von Plastik. Sogar, was die Reißfestigkeit anbelangt, stehen sie ihrem erdölbasierten Cousin um nichts nach. Aber selbst im Biomarkt ist ein beachtlicher Teil der angebotenen Artikel in Plastik verpackt.

Ist vielleicht das Opfer, das wir alle bringen müssen, mehr Geld auszugeben für Nahrungsmittel und Gegenstände des alltäglichen Gebrauchs? Auch da stellt sich die berechtigte Frage: Woher wissen wir, ob hinter Biomarken nicht auch Konzerne stehen, die unsere Bereitschaft, für Nachhaltigkeit mehr zu zahlen, schamlos ausnutzen und noch etwas mehr verlangen? Quasi ein »Greenexploiting« betreiben?

Wie in jeder anderen Branche auch, gibt es natürlich viele, die die Situation ausnutzen und auf eine Idee aufspringen, weil sie gerade im Trend liegt. Wenn dieser Trend nützlich ist, so können wir uns zumindest durch diesen Faktor selbst über den Opportunismus hinwegtrösten.

Um eine Umstellung auf einen erdölfreien Handel durchzuführen, braucht es mit Sicherheit um einiges mehr als ein paar vereinzelte verpackungsfreie Supermärkte. Wenn man bedenkt, dass die Mehrheitsgesellschaft im Allgemeinen eher ungern ihr Verhalten verändert, dann müssen erst recht Politik und Wirtschaft dafür sorgen, dass es den potenziellen Kunden lieber ist, kunststofffrei zu kaufen. Da diesbezüglich allerdings oft nicht über die Profitmaximierung der nächsten paar Jahre oder gar Monate hinausgedacht wird, bleibt die Umsetzung nachhaltiger Ziele einer Handvoll Idealisten und deren Animationskünsten überlassen.

Im Fall der verpackungsfreien Supermärkte heißt das, dass es sich zwar mittlerweile herumgesprochen hat, dass es sie gibt, aber um sich damit auseinanderzusetzen, braucht es besondere Impulse. Hinzu kommt noch, dass der niedrige Kundenstock auch die Qualität der Ware verringert. Sinn und Zweck ist es ja, im Gegensatz zu anderen Supermärkten, die ihre Ware in haushaltstaugliche Mengen vorportionieren, eben jene Zwischenverpackungen zu überspringen. Das geht allerdings nur, wenn genügend Durchsatz stattfindet. Ansonsten passiert es, dass Lebensmittel unbemerkt verderben und zögernde Neukunden wieder abschrecken.

Auch die Zeitersparnis ist ein wesentlicher Bonus des Supermarktes. Wenn ich weiß, was ich will, spaziere ich durch die Regale und habe nach maximal fünf Minuten meinen Einkauf erledigt. Ein Szenario, das beim verpackungsfreien Supermarkt selbst ab einer mittelhohen einstelligen Kundenzahl deutlich bessere Logistik bräuchte.

Ein weiterer Faktor, der nicht dafür spricht, dass sich diese Art von Geschäft durchsetzen wird, ist die Tatsache, dass viele Leute, solange es Alternativen gibt, nicht dazu bereit wären, mit leeren Gurkengläsern im Gepäck durch den Tag zu gehen, um zwischendurch einmal einkaufen zu können. Denn auch wenn in den verpackungsfreien Supermärkten hierzulande meist lediglich auf Plastikverpackungen verzichtet wird und es sehr wohl Produkte in Flaschen oder Kartonschachteln gibt, sind die Gläser unverzichtbar. Der höhere Preis für die Produkte ist dann nur noch der finale Dolch im Herzen, der einen Großteil der Gesellschaft von derartigen Einkäufen abhält.

Es kann natürlich sein, dass meine Schwarzmalerei etwas übertrieben ist, aber was wir auf jeden Fall brauchen, ist Innovation. Wenn von der Politik strengere Regelungen beschlossen werden, dann resultiert das meist darin, dass ab Inkrafttreten dieser erst einmal ein Teil der Betroffenen so lange wie möglich ausprobiert, wie sehr sie diese möglichst frei von negativen Konsequenzen umgehen können. Ein anderer Teil macht, sofern die Regelungen sinnvoll sind, das Richtige und versucht, sich anzupassen. Aus diesem Druck heraus entstehen wünschenswerte Neuerungen. Was aber, wenn die Politik nicht genügend Anreiz setzen kann oder will oder schlichtweg zu langsam ist?

Im Endeffekt liegt es dann in den Händen privater Firmen oder Einzelpersonen, etwas zu erfinden, das den gewünschten Effekt erzielt. Denn auch, wenn sozialer Druck ein gewisses Momentum erzeugen kann, brauchen Glaubenssätze in der Regel lange Überzeugungsarbeit und stoßen selbst in ihrer uneigennützigsten Form auf unüberwindbare Barrieren.

Technologie und Erfindungen hingegen bestimmen im Nu das Verhalten der Masse. Wenn eine Innovation die Welt betritt, die uns den Alltag verbessert, ist deren Siegeszug meist vorprogrammiert. Wenn nebenbei auch noch ein ethisch wünschenswerter Effekt zustande kommt, halleluja, dann erst recht. Das beste Beispiel dafür ist Empfängnisverhütung. Wir können Geschlechtsverkehr haben, während das Risiko einer ungeplanten Schwangerschaft zu einer sehr hohen Wahrscheinlichkeit unter unserer Kontrolle bleibt. Bei manchen Arten der Verhütung können wir uns sogar noch zusätzlich vor einer Vielzahl von Geschlechtskrankheiten schützen. Moralisch sieht es natürlich etwas komplexer aus. Schließlich gibt es, besonders bei strenger Auslegung von Religionen, Leute, die unehelichen Koitus oder Verhütung im Allgemeinen komplett ablehnen. Aber selbst in solchen extremen Kreisen stößt Verhütung meist auf eine deutlich höhere Akzeptanz als ein Schwangerschaftsabbruch.

Um den Bogen zu jenem anderen menschlichen Grundbedürfnis der Nahrungsbeschaffung wieder zu schließen, brauchen wir auch auf diesem Gebiet die notwendigen Innovationen, um von der Erdölindustrie unabhängig zu werden. Aber weil es höchstwahrscheinlich ein Ding der Unmöglichkeit sein wird, den Großteil der Menschheit vom praktischen Nutzen vorverpackter Lebensmittel in Supermärkten zu entwöhnen, wäre der richtige Ansatz, den Verpackungsmarkt umzukrempeln. Wenn wir die Entwicklung der letzten fünf Jahre betrachten, dann können wir sehen, dass der Stein auch schon ins Rollen gebracht wurde. Ständig werden neue Alternativen für Plastik ausprobiert. Sobald die ersten ein Verpackungsmaterial finden, das günstig, robust und im großen Stil ohne gröbere Schäden an der Umwelt herstellbar ist, aus nachwachsenden Rohstoffen besteht und biologisch abbaubar ist, wird dieses binnen weniger Jahre den Planeten erobern. Bleibt nur zu hoffen, dass die Entscheidungsträger in Politik und Petroindustrie dies auch zulassen.

Unter manchen Freunden habe ich ein bisschen den Ruf des »Öko-Fuzzis«. Dabei ist mein Konsumverhalten eigentlich immer noch sehr weit davon entfernt, wie es eigentlich sein sollte. Durch die Recherchearbeit für dieses Buch vielleicht wieder ein paar Zentimeter näher. Aber in manchen Bereichen ist es schlichtweg nicht möglich, ohne umweltschädliche Produkte auszukommen. Elektronische

Bürogeräte oder manche medizinische Utensilien existieren nicht ohne Komponenten aus Plastik. Auch in Sachen Treibstoff bräuchten wir selbst im Best-Case-Szenario einer erdölfreien, klimaneutralen Antriebsmethode, die in jenen Riesenmengen produziert werden kann, die wir Menschen benötigen, mehrere Jahre bis Jahrzehnte, um unsere bisher vorhandenen Systeme umzustellen. Denn auch vermeintlich umweltfreundlichere Alternativen können mit ungeahnten Problemen aufwarten. Bestes Beispiel dafür sind Akkus. Ob für Laptops oder Smartphones, das darin verbaute Lithium hat mit seiner wasserintensiven Art der Gewinnung bereits dafür gesorgt, dass in Ländern wie Bolivien ganze Ökosysteme zugrunde gingen. Es lässt sich kaum ausmalen, was die Folgen wären, wenn die gesamte Menschheit plötzlich auf Elektroautos umsteigt, in deren Akkus ein Vielfaches der Menge an Lithium eines Laptop-Akkus verbaut ist.

Was kann ich denn jetzt überhaupt noch machen, wenn ohnehin alles schlecht zu sein scheint? Falls ich Sie jetzt in eine ähnlich paranoide Grundstimmung versetzt habe wie mich selbst im Verlauf der letzten drei Monate, so tut es mir nicht leid. Aber ich will Sie dennoch beruhigen. Machen Sie auch weiterhin alles, was Sie bisher taten, aber seien Sie sich der Nebeneffekte bewusst und betreiben Sie etwas, dessen negative Folgen Ihnen bekannt sind, so wenig wie möglich. Im Idealfall haben Sie in diesem Buch bereits den Hinweis auf ein paar bessere Alternativen gefunden. Ob das jetzt die

Verwendung von Weichspülern oder die Auswahl von Sportartikeln betrifft, ist egal. Mir ist klar, dass diese Alternativen manchmal das Budget übersteigen. Bei mir ist das auch oft der Fall. Dann tun Sie es vorerst dort, wo es Sie finanziell am wenigsten trifft und den größtmöglichen gesundheitlichen Effekt hat. Zum Beispiel bei der Zahnpasta oder beim Shampoo. Ein paar Euro pro Monat, die Sie hierbei richtig investieren, ersparen Ihnen womöglich spätere Einschränkungen sowie deren Behandlungskosten. Je mehr Sie es schaffen, Erdölprodukte zugunsten ressourcenschonender Alternativen zu vermeiden, desto mehr tragen Sie nicht nur direkt zu einem Rückgang der Umweltbelastung bei, sondern auch indirekt zur Förderung von Innovation. Denn Firmen, die sich über neuartige Produkte trauen, haben vermutlich ein höheres Bestreben, diese auch weiterzuentwickeln.

Zu guter Letzt: Empfehlen Sie dieses Buch weiter. Es ist alles andere als vollkommen, über viele Inhalte lässt sich vermutlich ganz gut streiten und manche Formulierungen sind holpriger als ein Fahrradrennen auf Katzenkopf-Pflaster, aber die Intention dahinter ist, uns als Menschheit im Kollektiv langfristig das Dasein zu verbessern. Und sollte ich dadurch wider Erwarten unermesslichen Reichtum erlangen, werde ich diesen nicht in eine Armada aus Privatjets oder Unterwäsche aus Leopardenfell investieren. Nicht einmal in Fair-Trade-Drogen aus biologischem Anbau, sondern in Projekte, deren Zweck es ist, das Leben lebenswerter und unterhaltsamer zu gestalten.

Letztlich bestimmt unser Konsumverhalten immer mit, was produziert wird. Wir können dahingehend Einfluss nehmen, indem wir auf gewisse Produkte verzichten. Hierbei ist der erste Schritt, mir zu überlegen, ob ich den gewünschten Artikel auch unbedingt brauche. Muss ich im März Weintrauben aus Südafrika haben? Eine Frage, die ich seit Jahren verneine. Wie konsequent ich dabei bin, ist wieder eine andere Sache. Während der Konsum von Weintrauben im Herbst und Spätsommer für mich völlig ausreicht, kann ich nicht behaupten, nie eine Avocado zu verspeisen. Obwohl ich eigentlich weiß, dass diese birnenförmige Nährstoffbombe Unmengen an Wasser braucht und mit ihrer Anreise den halben Globus umspannt.

Wenn ich also indirekt Erdöl einspare, weil ich keine Weintrauben außerhalb der Saison kaufe, wie verhalte ich mich dann bei nicht heimischen Produkten? Auf den Klimawandel zu setzen und zu warten, bis ich steirische Bio-Avocados erstehen kann, ist da vielleicht nicht die angenehmste Strategie. Vielmehr versuche ich einfach, auf so viel wie möglich zu verzichten. Es schmerzt oft nicht wirklich, den Konsum einzelner energieineffizienter Nahrungsmittel auf ein Viertel oder Fünftel zu reduzieren. Oft machen diese ohnehin schon den teuersten Anteil des Einkaufs aus und die Freude des seltenen Genusses ist dann fast wie zu Kindeszeiten.

Im Endeffekt läuft vieles darauf hinaus, möglichst lokal zu kaufen. Dafür müssen Sie nicht einmal in einer landwirtschaftlich genutzten Gegend abseits der Zivilisation leben. Auch in Ballungsräumen gibt es vereinzelt verpackungsfreie Supermärkte oder schlichtweg Bauernmärkte, zu denen Sie mit ihren eigenen Gefäßen hingehen können. Die Homepage eines Marktes zeigt mir sogar an, welche Gemüsesorten zu welcher Jahreszeit verfügbar sind.

Je mehr wir als Konsumenten beim Einkauf auf Plastikverpackungen verzichten, desto eher werden sich auch die großen Supermarktketten anpassen. Was Gemüse anbelangt, greife ich mittlerweile gerne zur Option »Biokistl«. Dabei kann man sich von Biobauern aus der Region Kompositionen saisonaler Gemüse- oder Obstsorten zusammenstellen lassen. Im späten Winter beschränkt sich die Vielfalt solcher Kisten halt dann meist auf Erdäpfel, Süßkartoffeln, Pastinaken und Radieschen. Nichtsdestotrotz, seit Kurzem bietet auch Lidl Obst- und Gemüsekisten mit Produkten an, die nicht der Form-Norm entsprechen, aber um nichts schlechter schmecken.

Als ich zusagte, diesen Versuch zu wagen und den Erdölverbrauch in meinem Alltag zu überwachen, konnte ich nur ahnen, in welche Richtung das geht. Von einer moralisch vermeintlich überlegenen Position aus mahnend mit dem Zeigefinger zu wackeln, ist nicht unbedingt das, worauf ich hinauswollte. Schließlich ist so etwas nicht nur ziemlich unsympathisch, sondern ähnlich wirkungsvoll wie die Warnung, dass zu viel Fernsehen viereckige Augen verursacht.

Vielmehr wollte ich herausfinden, wie sehr mir eigentlich die Präsenz petrochemischer Produkte in meinem Leben der Gegenwart, aber auch der Vergangenheit bewusst ist. CO_2-Fußabdruck und Nachhaltigkeit sind dabei natürlich nicht wegzudenkende Faktoren. Dennoch sollte dieser Selbstversuch speziell auf Erdöl fokussiert sein und es Ihnen ermöglichen, mich dabei aus der bequemen Distanz des Lesens zu begleiten. Selbst wenn für Sie ein großer Teil der angesprochenen Probleme bereits längst ein Thema war, freue ich mich, falls Sie die eine oder andere Anregung mitnehmen konnten. Sollten Sie jetzt so motiviert sein, Ihren Haushalt von Erdölprodukten zu befreien, können Sie die Tabelle im anschließenden Kapitel als Hilfestellung verwenden.

Für mich selbst habe ich aus den vergangenen Monaten sehr viel mitgenommen. Ich habe über Themen recherchiert, die für meinen Alltag sonst nicht unbedingt relevant waren und einiges darüber gelernt, wie ich mein Leben nicht nur ressourcenschonender, sondern auch gesünder gestalten kann. Selbstverständlich war es oft praktisch unmöglich, die ursprünglich geplanten Maßnahmen durchzuziehen. Einerseits, weil sie meist signifikant teurer waren, und andererseits, weil der zeitliche Mehraufwand konstant nicht aufzubringen war. Das trifft besonders auf den Transport zu. Aber in Summe konnte ich einige Bereiche meines Lebens längerfristig verbessern und auch die Menschen in meinem näheren Umfeld zumindest ein bisschen beeinflussen. Wenn dadurch neben dem Effekt für die Umwelt vielleicht noch der eine oder andere Nachwuchs in einer Umgebung frei von endokrinen Disruptoren aufwächst, so war es dessen Gesundheit schon wert.

Wir müssen ja nicht gleich alle in lockeren, selbst gefärbten Leinenhosen halbnackt zu indischen Klängen um einen Ginkobaum tanzen und von heute auf morgen sämtlichen modernen Errungenschaften entsagen. Aber die Zeit läuft und je eher wir es schaffen, die vermeidbaren Schäden unseres Konsumverhaltens unter Kontrolle zu bringen, desto früher können wir die Vorteile einer sauberen und innovativen Zukunft genießen. Denn wer weiß, was alles möglich ist, wenn wir Schritt für Schritt auf Dinge verzichten, die zwar nicht überlebensnotwendig sind, die wir aber stets als selbstverständlich erachtet haben. Kann es nicht sein, dass wir durch eine derartige Reduzierung zugleich unseren Erfindungsreichtum besonders anregen und auf neue Lösungen stoßen?

Natürlich, es gibt noch Erdöl für die nächsten hundert, zweihundert, vielleicht auch fünfhundert Jahre. Die Frage ist, ob wir auf einem Planeten, der dieses gesamte Potenzial ausschöpft, leben wollen oder überhaupt noch können. In diesem Sinne müssen wir für uns selbst entscheiden, ob wir in einem Supermarkt in Wien die in Plastik eingeschweißte Bio-Gurke aus Spanien oder die nicht eingeschweißte Nicht-Bio-Gurke aus Österreich wollen oder doch dann und wann woanders einkaufen.

HILFSTABELLE UMSTELLUNG

Wenn Sie Ihren Haushalt auf erdölfreie Alternativen um-
stellen wollen, so können Sie die folgende Liste als Hilfestellung hernehmen, um Ihren Fortschritt einzutragen.

Badezimmer
- *Zahnbürste*
- *Zahnpasta*
- *Zahnseide*
- *Handseife*
- *Seifenhalterung*
- *Rasierseife*
- *Rasierer*
- *Shampoo*
- *Duschgel*
- *Peeling*
- *Duschvorhang*
- *Schwamm*
- *Handtuch*
- *Handtuchhaken*
- *Fußmatte*
- *Waschmittel*
- *Mülleimer*

Toilette
- *Klobesen*
- *Seife*

- *Seifenhalter*
- *Klopapierhalterung*
- *Mistkübel*
- *Damenhygienebox*
- *Damenhygieneartikel*

Küche
- *Aufbewahrungsgläser*
- *Aufbewahrungsboxen*
- *Einmachgläser*
- *Gewürzgläser*
- *Teesieb*
- *Geschirr*
- *Besteck*
- *Geschirrspülmittel*
- *Wasserkocher*
- *Handseife*
- *Spülmittel*
- *Seifenhalterung*
- *Pfannenbürste*
- *Spülschwamm*
- *Wischfetzen/-lappen*

- Kochlöffel
- Mistkübel
- Obstschale
- Untersetzer

Zimmer
- Bettzeug
- Decke
- Polster
- Leintuch
- Matratze
- Unterwäsche
- Sportgewand
- Kleidung
- Kopfbedeckungen
- Jacken
- Accessoires
- Parfum
- Kleiderständer
- Kleiderhaken
- Aufbewahrungsboxen
- Schminkzeug
- Schmuckkästchen

Büro
- Schreibtisch
- Stifte
- Stifthalterungen

- Ordner
- Ablage
- Ladenkästchen
- Mistkübel
- Blumentopf

Persönlich
- Geldbörse
- Brille
- Gürtel
- Medikamentenschachtel

Garten/Sonstiges
- Blumentöpfe
- Gießkannen
- Vogelhäuschen
- Verzierungen
- Rechen
- Schneeschaufel
- Werkzeug
- Dünger
- Spielzeug
- Hundehütte
- Katzenklo
- Vogelkäfig

HILFREICHE LINKS

www.avocadostore.com
www.waschbaer.de
www.manna.de
https://www.manufactum.at
https://www.sonnengruen.com
https://www.laboratorium-nachhaltigkeit.de
https://www.ecco-verde.at

QUELLEN

Einen Auszug der als Quellen verwendeten Artikel finden Sie hier. Das vollständige Quellenverzeichnis kann beim Verlag *edition a* angefragt werden.

ARTIKEL

https://www.quarks.de/technik/mobilitaet/gruen-reisen-ist-das-moeglich/
https://www.vcoe.at/presse/presseaussendungen/detail/vcoe-anteil-des-ver-kehrs-an-oesterreichs-erdoelverbrauch-so-hoch-wie-noch-nie
https://www.handelsblatt.com/finanzen/maerkte/devisen-rohstoffe/opec-oelausblick-das-meiste-oel-wird-im-transportsektor-verbraucht/20552032-2.html?ticket=ST-72276-xVIakKZlrjV9VJoiGhBd-ap5
https://itsinourhands.com/
https://www.faz.net/aktuell/wissen/klima/klimabilanz-der-bahn-noch-eine-unbequeme-wahrheit-1488587-p3.html
https://www.energie-experten.ch/de/mobilitaet/detail/oekotest-staedterei-sen-mit-zug-auto-und-flugzeug-im-vergleich.html
https://elife.vattenfall.de/gewusst-wie/
zug-auto-oder-flugzeug-so-reisen-sie-energiesparend/
https://www.stern.de/digital/online/google--wieviel-energie-verschlingt-ei-ne-suchanfrage-8397770.html
https://www.printablesandinspirations.
com/2021-calendar-free-printable-pdf/
https://advances.sciencemag.org/content/3/7/e1700782
https://www.zentrum-der-gesundheit.de
https://actnow.lfca.earth/e/happybrush/
https://www.diepresse.com/5716346/
osterreich-muss-beim-kunststoff-recycling-richtig-aufholen
https://www.zahn.de/zahn/web.nsf/id/pa_wussten_sie_schon.html
https://de.statista.com/statistik/daten/studie/181217/umfrage/
haeufigkeit-wechsel-der-zahnbuerste/
https://focus-arztsuche.de/magazin/ratgeber/
zahnbuersten-regelmaessig-wechseln
https://fettich.de/
beitraege/48-blog/1087-erdoel-im-make-up-und-rattengift-in-der-zahnpasta
https://pubs.acs.org/doi/10.1021/acs.est.1c00976

BAUEN
https://www.oekologisch-bauen.info/baustoffe/naturfarben-putze/wand-farbe.html
https://www.sanier.de/malerarbeiten/farbe/dispersionsfarbe

BISPHENOL A
https://www.global2000.at/warum-wird-bpa-nicht-verboten
https://www.bund.net/themen/chemie/hormonelle-schadstoffe/bisphenol-a/
http://www.medivere.de/shop/out/media/BisphenolAPat.pdf

BÜCHER
Nentwig, Joachim: Kunststoff-Folien: Herstellung, Eigenschaften, Anwendung. 3. Auflage. Carl Hanser Verlag, München 2006.

Muntean, M., Guizzardi, D., Schaaf, E. Crippa, M., Solazzo, E., Olivier, J.G.J. Vignati, E: Fossil CO2 emissions of all world Report, European Commission, 2018.

COMPUTER
https://www.focus.de/digital/multimedia/computer_aid_112073.html
https://recyclingportal.eu/Archive/54896
https://www.sifa-sibe.de/allgemein/10-kilogramm-elektroschrott-pro-kopf/
https://de.statista.com/statistik/daten/studie/323266/umfrage/
pro-kopf-aufkommen-von-elektroschrott-nach-laendern-weltweit/
https://www.plastikfrei.at/index.php?do=products&category=Elektronik
https://www.avocadostore.at/products/120617-ladekabel-ecocable-aus-nylon-
mit-holz-woodcessories?variant_id=1367718

CO2 PRO LAND
https://worldpopulationreview.com/country-rankings/
co2-emissions-by-country
https://ourworldindata.org/co2-emissions
https://worldpopulationreview.com/country-rankings/
co2-emissions-by-country

E-AUTOS LITHIUM
https://www.deutschlandfunkkultur.de/lithium-in-bolivien-die-gier-nach-
dem-weissen-gold.979.de.html?dram:article_id=461078

FISCHEREI
http://www.fao.org/in-action/globefish/fishery-information/
resource-detail/en/c/388082/

https://earth.org/up-to-a-million-tons-of-ghost-fishing-nets-enter-the-oce-
ans-each-year-study/
WWF Ghost Fishing Report 2020
https://europe.nxtbook.com/nxteu/wwfintl/ghost_gear_report/index.
php#/p/10

FLIEGER

https://www.chemie.de/lexikon/Epoxidharz.html
E Schrott
https://www.br.de/nachrichten/wissen/
globaler-e-waste-monitor-2020-viel-mehr-elektroschrott-weltweit,S3ZvJab

HYGIENE

https://www.waschbaer.de/shop/hydrophil-wattestaebchen-bam-
bus-baumwolle-53446?emcs0=Dazu+passt&emcs1=Produktdetailsei-
te&emcs2=50768&emcs3=53446
https://www.wollke.at/produkt/wollken-set-gesund-und-munter/
https://www.geo.de/wissen/
gesundheit/22733-rtkl-hygiene-sind-feste-seifenstuecke-keimschleudern

JACKEN

https://drizabone.com.au/
https://www.umweltbundesamt.de/themen/chemikalien/chemikalien-reach/
stoffgruppen/per-polyfluorierte-chemikalien-pfc#was-sind-pfc
https://utopia.de/kleidung-fasern-mikroplastik-34770/

KAUGUMMI

Fenimore, EL. »The History of Chewing Gum, 1849-2004«. In Fritz, D (ed.).
Formulation and Production of Chewing and Bubble Gum. Kennedy's Publi-
cations Ltd., Essex 2008, pp. 1–46

KOSMETIK

https://utopia.de/ratgeber/erdoel-in-kosmetik/
https://utopia.de/ratgeber/mikroplastik-kosmetik-produkte/

KRYPTO

https://www.dw.com/de/energie-stromverbrauch-bitcoin-mining/a-56589030
https://www.mdr.de/wissen/stromverbrauch-kryptowaehrung-bitcoin-100.
html

LEUCHTMITTEL

https://www.verbund.com/de-at/privatkunden/themenwelten/wiki/
energiesparlampe-led

https://www.ledmarkt24.de/wie-hell-sind-led-lampen
https://www.verivox.de/strom/themen/gluehbirnenverbot/
https://praxistipps.focus.de/
lebensdauer-einer-gluehbirne-infos-zur-haltbarkeit_97743
https://www.sat1.at/ratgeber/wohnen-garten/strom-gas/
so-waehlen-sie-das-richtige-leuchtmittel
https://lampen-kontor.de/blog/lampen-tipps/led-lampen/
led-lampe-energiesparlampe-gluehbirne-vergleich/
https://www.pts-trading.de/news/led-leuchtmittel-vergleich-gluehbirne/

MIKROPLASTIK

https://www.gesundheit.gv.at/aktuelles/archiv-2015/mikroplastik-donau
https://www.umweltbundesamt.at/fileadmin/site/publikationen/REP0547.pdf
https://kurier.at/chronik/oesterreich/
sorge-um-die-donau-der-strom-aus-plastik/400093874
https://www.erima.de/corporate/news/blog/
was-ist-der-unterschied-zwischen-polyester-und-polyamid
https://www.planetpure.com/
https://www.br.de/radio/bayern1/inhalt/experten-tipps/umweltkommissar/
wo-ist-mikroplastik-drin-100.html
https://www.global2000.at/publikationen/waschmitteltest
https://www.umweltbundesamt.de/themen/chemikalien/
wasch-reinigungsmittel/inhaltsstoffe#o-bis-p
https://www.test.de/Weichspueler-im-Test-5519844-0/
https://utopia.de/ratgeber/oekologische-waschmittel/
https://www.nachhaltige-pflegeprodukte.de/zahnpflege/zahnseide/
https://utopia.de/ratgeber/zahnpflege-zaehneputzen-nachhaltige-zahnpas-
ta-zahnbuerste-ohne-plastik/
https://itsinourhands.com/nachhaltig-leben
https://www.umweltberatung.at/
mikroplastikfreies-waschmittel-in-der-oeko-rein-datenbank
https://www.outerknown.com/products/
woolaroo-trunk-herb?variant=13311436161047
https://www.outerknown.
com/?avad=55097_a201cbbf9&utm_source=40661&utm_medium=affiliate
https://www.wwf.de/fileadmin/user_upload/WWF-Report-Aufnahme_von_
Mikroplastik_aus_der_Umwelt_beim_Menschen.pdf
https://www.freedoniagroup.com/industry-study/world-tires-3357.htm
https://www.quarks.de/umwelt/muell/fakten-zu-mikroplastik/
https://www.cvua-mel.de/index.php/aktuell/138-untersuchung-von-mikro-
plastik-in-lebensmitteln-und-kosmetika

MILITÄR
https://www.globalfirepower.com
https://www.naval-technology.com/features/frigate-vs-destroyer-difference/

ÖKO
https://www.manufactum.at
https://www.waschbaer.at
https://www.sonnengruen.com
https://www.avocadostore.at
https://www.laboratorium-nachhaltigkeit.de
https://www.ecco-verde.at
https://www.etivera.com/drahtbuegelglas-125-ml-weissglas-rund-karton-50stk.html?gclid=CjoKCQiAgomBBhDXARIsAFNyUqP98H3LE4dHH5x7cY4B-xaW5UTOS_IkZgN9mZkw7mQ1JW1MbA-lnQoaAhZTEALw_wcB
https://www.oekotest.de
https://www.happybrush.de/service/nachhaltigkeit/
https://www.mehr-gruen.de/
https://lieberohne.at/

ÖLPRODUKTION
https://www.indexmundi.com/map/?v=88
The Global E-waste Monitor 2020
Authors: Vanessa Forti, Cornelis Peter Baldé, Ruediger Kuehr, Garam Bel
https://unu.edu/news/news/world-ewaste-statistics.html

PLASTIK-ATLAS
https://www.sempermed.com/produkte/
https://wenigreichtauch.de/ohne-plastik-geht-das-wirklich/
www.instagram.com/klimaporter.in
https://www.thechesswebsite.com
http://euanmearns.com/global-co2-emissions-forecast-to-2100/
https://www.carbonbrief.org/
what-global-co2-emissions-2016-mean-climate-change
https://www.boell.de/sites/default/files/2020-11/Plastikatlas%202019%205.
Auflage%20web.pdf?dimension1=ds_plastikatlas

PLASTIKFOLIEN
http://files.hanser.de/Files/Article/ARTK_LPR_9783446403901_0001.pdf
Mikroplastik:
https://www.wwf.de/fileadmin/user_upload/WWF-Report-Aufnahme_von_
Mikroplastik_aus_der_Umwelt_beim_Menschen.pdf
Brennstoffe:
https://noe.gv.at/noe/LaendlicheEntwicklung/Baukostenrichtsaetze_2.pdf

https://www.ots.at/presseaussendung/OTS_20191030_OTS0171/
brennstoff-kostenvergleich-holz-am-guenstigsten-oel-am-teuersten

PLASTIKMÜLL
https://ourworldindata.org/plastic-pollution
https://www.eea.europa.eu/data-and-maps/indicators/waste-recycling-1/
assessment-1
Plastics recycling worldwide: current overview anddesirable changesWolde-
mard'Ambrières Field Actions Science ReportsThe journal of field actions-
Special Issue 19 | 2019ReinventingPlastics

RASIEREN
https://www.smarticular.net/
rasierschaum-ersatz-selber-machen-rasierseife-rasieroel-rasiercreme/
https://www.bio-naturel.de/herren/rasieren/rasierschaum/
https://utopia.de/ratgeber/badezimmer-maenner-chemie-plastik/
https://mannaseife.de/produkte/seifen/seifen-2/
zeder-rasierseife-nicht-nur-fur-manner

REXGLÄSER
https://www.rexglas.at/alle-glaeser/?item=item-9

SPORT
https://www.gov.uk/government/news/
sports-industry-can-be-top-of-the-league-in-reducing-plastic-pollution

UTOPIA (ZAHNPASTA):
https://utopia.de/ratgeber/erdoel-in-kosmetik/
https://utopia.de/ratgeber/zahnpflege-zaehneputzen-nachhaltige-zahnpas-
ta-zahnbuerste-ohne-plastik/
https://utopia.de/bestenlisten/die-beste-bio-zahnpasta/
https://utopia.de/ratgeber/
miswak-wirkung-und-anwendung-der-natuerlichen-zahnbuerste/

https://www.drgal.de/inhaltsstoffe-von-zahnpasta/

WASSERKOCHER
https://www.rtl.de/cms/oeko-test-checkt-wasserkocher-diese-geraete-sind-
heisse-tipps-und-diese-eher-nicht-4440363.html
https://www.ruhr24.de/service/oeko-test-wasserkocher-sicherheit-hygiene-
tefal-aeg-bosch-testsieger-frankfurt-13593886.html
https://utopia.de/ratgeber/
wasserkocher-der-schnelle-weg-zu-heissem-wasser/

https://www.nachhaltigkeit.org/wasserkocher-ohne-plastik/

WINDELN

https://www.sueddeutsche.de/stil/oeko-windeln-test-1.4757387
https://sightseeandsushi.com/baby-diapers-in-japan-guide/
https://www.marketplace.org/2016/08/29/japans-changing-culture/